# はじめに

本書は、農地改革から現代の農地法までの経緯を辿るものであることを目的とする。

現代の農地法は、一九四七年に公布された。

この農地法は民主的法律である。ただし「自作農創設維持法」は寄生地主体制を崩すことはなかった。

序論は、敗戦後のＧＨＱの基礎的資料を使用した。

第一章は、寄生地主的体制を中途半端に温存するものであることを述べた。

第二章は、「一九四五年十二月九日農民解放指令」によって、寄生地主体制を崩壊させたが、不十分だったことを述べた。ただし、農地改革は山林原野の解放を行わなかった。

第三章は、現代的農地法について述べた。ただし農業関連法に「一戸一法人」が参入する（法制局監修「農地関係法」参照）。

農地法制の変遷　近代から現代まで——目次

# 序論

日本の敗戦後、占領軍の最初の覚書「日本管理政策」が公布された。その項目は、戦争犯罪人、個人の自由及び民主主義、経済、平和的経済活動、賠償の再開、財政貨幣銀行政策、国際通貨および通貨、在外日本資産、日本国内における外国企業、などとなっており、敗戦後の占領政策の基本的政策となった。

これは、GHQの覚書より上位に位置するものである。「極東委員会」は、ソ連主導で進められ、GHQは、米国主導で遂行され、これが冷戦の始まりとなった。

農地法制の変遷は、少なくとも最小限、大正時代（一九一二年～一九二六年）から現在までを通して、考察することが重要である。

この間は、……地租改正、寄生地主制、自作農維持創設、戦後農地改革（自作農主義）への展開と株式会社の農業生産参入という質的変化を遂げた。この過程で、農地の権利を保有する者は、多くの場合「権力の側」であった。だが時代の変化にともなって、農民（耕作者）が農地の権利を所有するという考え方になった。

農地関連法は、民主主義にもとづく法と、反民主主義にもとづく法とがある。それは「自作農創設法」は、地主制を温存し、一部の小作農のみが自作農になった。「自作農創設特別措置法」（一九四五年）は、農地改革の根拠法になったのである。

ＧＨＱによる農民解放指令が出され、日本の農民が寄生地主の重圧に耐えかねて、その重圧からの解放を望んで行われた指令である。

日本政府は、大正時代から自作農創設維持政策を行ってきた。それが農地改革、農地法施行に至るまでの一連の歴史的経緯をたどった。

ポツダム宣言の全文は以下のとおりである。

ポツダム宣言（一九四五年・八月六日）外務省条約仮局

一、吾等合衆国大統領、中華民国政府主席、及びグレートブリテン国の数億の国民を代表し協義の上日本国に対し今次の戦争を終結する機会を与える機会を与えることに意見の一致せり。

二、合衆国、英帝国及び中華民国の巨大なる陸、海、空軍は西方より自国の陸軍及び空軍による数倍の増強を受け日本国に対し最後的な打撃を加うる態勢を整えたり、右軍事力は日本が抵抗を終止するに至るまで同国に対し戦争を遂行する一切の連合国の決意により支持されかつ鼓舞せられおるものなり。

三、蹶起せる世界の自由なる人民の力に対するドイツ国の無益かつ無意義なる抵抗の結果は日本国民に対する先例を極めて明白に示すものなり、現在日本国に対し集結しつつある力は抵抗するナチスに対し適用せられたる場合においてドイツ国人民の土地産業、及び生活様式を必然的に荒廃にきせしむる力に比し測りしれざるほどさらに強大なるものなり。吾等の決意に支持せられたるわれらの軍事力の最高度の使用は日本国軍隊の不可避かつ完全な崩壊を意味すべく、又同様必然的に日本国本土の完全なる破壊を意味すべし。

四、無分別なる打算により日本帝国を滅亡の淵に陥いれたる我がままなる軍国主義的助言者により日本国がひきつづき統御が望むべきかを日本国が決定すべき時期が到来せり。

五　われらの条件は左の如し。

われらは右の条件より離脱する事なかるべし。右に変わる条件は存在せず、われらは遅延を認むるを得ず。

六、われらは無責任なる軍国主義者が世界より駆逐せらるに至る迄は平和、安全および正義の新秩序が生じ得ざる事を主張するなきをもって、日本国民を欺瞞しこれをして世界征服の挙に出るの過誤を犯さしめたる者の権力を永久に除去せられざるべからず。

七、右の如き新秩序が建設せられ且日本国民の戦争遂行能力は破遂せられたることの確証あるに至るまでは、連合国の指示すべき基本目的の達成を確保するまで占領せらるべし。
八、カイロ宣言の条項は履行せるべく、また日本国の主権は、本州・四国・北海道ならびにわれの決定さるべし。
九、日本国軍隊は完全ある武装解除せられたる後、各自の家庭に復帰し、平和的かつ生産的の生活を含む機会を得せしむべし。
十、われらは日本人を民族として奴隷化せんとし、また国民として滅亡せしめんとする意図を有するものに非ざるも、われらの捕虜を虐待せる者を含む一切の戦争犯罪人に対しては厳重なる処罰を加えるべし、日本国政府は日本国民の間に於ける民主主義的傾向の復活強化に対する一切の障害を除去すべし、言論・宗教および思想の自由ならびに基本的人権の尊重は確立せるべし。
十一　日本国民はその経済を支持しかつ公正なる実物賠償の取り立て可能ならしめるが如き産業を維持さることを許さるべし。
　但し日本国をして戦争のための再軍備を得しむが如き産業はこの限りにあらず、右目的のため原料の入手を許さるべし。日本国は将来世界貿易関係への復帰を許さるべし。
十二、前記諸項目が達成せられ且日本国民の自由に表明せる意思に従い平和的傾向を有しかつ責任ある政府が樹立せらるにおいては、連合国の占領軍が直ちに日本国より撤収せらるべし。
十三、吾等は日本国政府が直ちに全日本国軍隊の無条件降伏を宣言しかつ右行動における同政府の誠意につき適当かつ十分なる保証を提供せんとすることを同政府に対し要求する。
右以外の日本国の選択は迅速かつ完全なる壊滅あるのみとす。

ポツダム宣言に対する大日本帝国の対応（宮中防空壕にて）は、次のようになされた。

前月二六日三国共同宣言ニ挙ゲラレタル条件中ニハ天皇ノ国家統治大権ニ変更ヲ加フル要求ヲ包含シオラズコトノ了解ノ下ニ日本政府ハ之ヲ受託ス

本朝、最高戦争指導会議ノ大方ノ了解ヲ得タル

1、日本皇室ニ関スルコトヲ包含セズ

2、在外日本軍隊ハ自主的ニ徹収ノ上復員ス

3、戦争犯罪人ハ日本政府ニ於イテ処理スベシ

4、保証占領ハナサザルモノトス

第一項当然他ノ項ハ成ルベク少ナクス可シト言ウ少数意見在リ、依ッテ多数ノ主張セラレタル外相意見ヲ原案トス

外相提案理由説明

過半提案ノ場合ハ受託出来ヌコト成シモ本日ノ事態ニ於イテハ受託已ムオ得ズトイウ閣議ノ結論也ソノ中ニ於イテハ受託已ムオ得ズトイウ閣議ノ結論也　但し皇室ハ絶対問題也

（資料『日本外交文書・外務省編』下巻　原書房）

昭和二十年八月十四、日本帝国政府は、「戦争ニ惨禍ヨリ人類ヲ救ハントスル大御心に副ヒ奉ランカ為」「帝国政府ノ意図ヲ」伝えた。

一九四五年八月十五日の昼頃に「ラジオ」で報道（玉音）放送をしたが、国民の多くは「ラジオ」の雑音でその内容はよく解らなかった。

ただ、戦争に日本が負けたことは、何となく理解したのである。

朕深ク世界ノ大勢ト帝國ノ現状トニ鑑ミ非常ノ措置ヲ以テ時局ヲ收拾セムト欲シ茲ニ忠良ナル爾臣民ニ告ク

朕ハ帝國政府ヲシテ米英支蘇四國ニ對シ其ノ共同宣言ヲ受諾スル旨通告セシメタリ

抑〻帝國臣民ノ康寧ヲ圖リ萬邦共榮ノ樂ヲ偕ニスルハ皇祖皇宗ノ遺範ニシテ朕ノ拳々措カサル所曩ニ米英二國ニ宣戰セル所以モ亦實ニ帝國ノ自存ト東亞ノ安定トヲ庶幾スルニ出テ他國ノ主權ヲ排シ領土ヲ侵スカ如キハ固ヨリ朕カ志ニアラス

然ルニ交戰已ニ四歳ヲ閲シ朕カ陸海將兵ノ勇戰朕カ百僚有司ノ勵精朕カ一億衆庶ノ奉公各〻最善ヲ盡セルニ拘ラス戰局必スシモ好轉セス世界ノ大勢亦我ニ利アラス

加之敵ハ新ニ殘虐ナル爆彈ヲ使用シテ頻ニ無辜ヲ殺傷シ慘害ノ及フ所眞ニ測ルヘカラサルニ至

ル

而モ尚交戰ヲ繼續セムカ終ニ我カ民族ノ滅亡ヲ招來スルノミナラス延テ人類ノ文明ヲモ破却スヘシ

斯ノ如クムハ朕何ヲ以テカ億兆ノ赤子ヲ保シ皇祖皇宗ノ神靈ニ謝セムヤ

是レ朕カ帝國政府ヲシテ共同宣言ニ應セシムルニ至レル所以ナリ

朕ハ帝國ト共ニ終始東亞ノ解放ニ協力セル諸盟邦ニ對シ遺憾ノ意ヲ表セサルヲ得ス

帝國臣民ニシテ戰陣ニ死シ職域ニ殉シ非命ニ斃レタル者及其ノ遺族ニ想ヲ致セハ五内爲ニ裂且戰傷ヲ負ヒ災禍ヲ蒙リ家業ヲ失ヒタル者ノ厚生ニ至リテハ朕ノ深ク軫念スル所ナリ

惟フニ今後帝國ノ受クヘキ苦難ハ固ヨリ尋常ニアラス

爾臣民ノ衷情モ朕善ク之ヲ知ル然レトモ朕ハ時運ノ趨ク所堪ヘ難キヲ堪ヘ忍ヒ難キヲ忍ヒ以テ萬世ノ爲ニ太平ヲ開カムト欲ス

朕ハ茲ニ國體ヲ護持シ得テ忠良ナル爾臣民ノ赤誠ニ信倚シ常ニ爾臣民ト共ニ在リ

若シ夫レ情ノ激スル所濫ニ事端ヲ滋クシ或ハ同胞排擠互ニ時局ヲ亂リ爲ニ大道ヲ誤リ信義ヲ世界ニ失フカ如キハ朕最モ之ヲ戒ム

宜シク擧國一家子孫相傳ヘ確ク神州ノ不滅ヲ信シ任重クシテ道遠キヲ念ヒ總力ヲ將來ノ建設ニ傾ケ道義ヲ篤クシ志操ヲ鞏クシ誓テ國體ノ精華ヲ發揚シ世界ノ進運ニ後レサラムコトヲ期スヘシ

爾臣民其レ克ク朕カ意ヲ體セヨ

昭和二十年八月十四日

各国務大臣

（資料『日本外交年報』下巻　原書房）

しかし、「ポツダム宣言」（一九四五年七月二十六日）が日本帝国に対して、無条件降伏を迫ったことを考えると、昭和天皇が敗戦の辞を表明したのが、八月十五日であったことは、二週間以上も時間を要した。

日本帝国は、「ポツダム宣言」を受けて、それへの解答を打電する（八月十日）まで、約二週間を費やし、この間に、帝国政府内部において「天皇制の維持・継続の可能性」に検討を行っていたことが推測される。

米国は、戦争末期に、日本帝国軍隊が敗戦することを見通して、占領後も、天皇制を維持しないことによって天皇に忠誠を尽くす多く日本国民が反乱を起こすことを危惧していた。

GHQは、万一天皇制を廃止すれば、それに対し百万の軍隊をしても制御し得ない事態になることを懸念していたと言う（GHQの最高司令官・マッカーサー）。

「ポツダム宣言」には、「日本国民の自由に表明せる意思に従い平和的傾向を有し且責任ある政府の樹立……」という内容が含まれている。それは、自由・平和・民主主義の政府を国民が選択することを、連合国が日本国民に迫ったと理解できる。

太平洋戦争終結の昭和天皇の詔書（玉音）には「国体の護持」を訴える内容であることから、「国体の護持」ではなく、「民主主義に沿った政府」を選択することこそが、悲惨な侵略戦争に敗北した帝国政府の反省なしに戦後は終らない。

# 第一章

# 自作農創設維持政策の性格

## 第一節　はじめに

一九二六年（大正十五年）に開始された自作農創設維持事業（以下「創設政策」）は、当時の地主的土地所有の危機――農業危機下においてその危機を回避する上からの政策として、また、その後の戦時国家独占資本主義における国家総動員体制下の一環として、極めて重要な意義をもつものであった。さらにまた、一九四六年から行われた農地改革に内包する論理にも包摂される、敗戦時における上からの危機回避に接続する内容をもっていた。

このように「創設政策」は、日本独占資本主義、とりわけ国家独占資本主義による農業危機回避――農村支配構造の再編にとって基底的な位置と性格とを有していたといえよう。それ故、今日、農地改革の再評価をめぐる若干の論議[1]が開始される中で、「創設政策」の歴史的性格を考察することが避けて通れない課題となってきている。このような意味において、本章は農地改革の再評価を行うための一道程として「創設政策」の歴史的性格について考察を行うことにする。

「創設政策」に関する研究については、すでにいくつかの優れた業績がある。それをふり返ってみると、およそ次のような評価・論点に要約することができよう。

第一には、「創設政策」が、当時激化し始めた小作争議、とくに耕作権確立運動＝小作立法要求に対応するところの寄生地主的土地所有維持を、地主階級と国家独占資本主義との癒着によって実現したもの、ということである[②]。そしてそれは同時に、当時すでに発現してきた地主経営の不安定さを土地売逃げによって解決するうえで、両者の癒着が不可欠であったとする。このようにこの評価・見解は、寄生地主制の危機を、上から回避することに「創設政策」の性格をみることができるとするものである。

第二には、「創設政策」によって創設された自作農（厳密には自作農および自小作農）は、決して独立自営農民として性格づけられるものではなく、当時の小作農民の土地〝所有権〟の渇望を満たし、それにもとづいた農村プチブル層の創出にすぎない、というものである[③]。つまり「創設政策」が、自作農の「創設」と「維持」のみに傾斜し、実現した実態は「維持」の性格が失われ、「創設」のみに傾斜した内容をもつにすぎないということから、こうした評価・論点が出されてきたのである。それ故、創設政策は先の第一の論点ともかかわって、「地主的土地所有権の無花果の葉の如きもの[④]」といった評価が下されることにもなる。

第三には、「創設政策」が初期においては、小作農民層に土地所有権を与えることに主眼がおかれていたが、後期に至ると、皇国農村建設の一環として農業生産の担い手たる「適正経営農家」の育成が前面に位置づけられ、初期にみられた小作争議対策は後景に退けられてくる、とするものである。[5]

わが国における適正規模論（政策）は、周知のように昭和初期の農村恐慌期における農村経済更生運動の一主軸として、「満州移民」「分村計画」による農村過剰人口の緩和策と安定経営農家の育成として登場・実施された。

だが一九三七年の日中事変以降、兵役・徴役等によって農業人口は過剰から不足へと転じ、これにともない農業生産力の低下・荒廃が戦時体制下において新たな問題を投げかけた。

それに対応するものとして、それまでの適正規模論（政策）は、戦時国策としての農業生産力保持に適する農業経営育成策を主内容とするものに転換したのである。これと「創設政策」が結合したとするのが、第三の評価・論点の特徴であり、これまでにみられる同政策に対する評価・論点にはみられない新たな指摘といえよう。

第四には、「創設政策」が戦後農地改革の前史であり、改革に連なる重要な論理と歴史的意義とを内包していたとする。[6]この評価・論点は、決して統一した内容ではなく、一方は、改革が実現した自作農の全面的な創設と小作料引下げに連なるものとして、[7]一方は、同事業の地主的道の性格と改革における地主的道との接続としてとらえている。[8]したがって、第四の評価・論点には「創設政策」と農地改革との関連性についてまったく異なった対極的見解が含まれているといってよいであろう。

「創設政策」に関するこれまでの主な評価・論点をごく要約的に整理してみたのであるが、これら諸見解は必ずしも同政策の具体的・実証的分析をふまえたものとはいい難く、また、当時の小作農民運動の動向との関連で掘り下げた分析結果ではないという難点が感じられる。

そこで、これまでに公表された資料を手がかりに、紙数の許す範囲において分析を加え、戦時国家独占資本における一連の土地政策の展開の中で、「創設政策」がいかなる意義を有したか、そして戦後農地改革との連続性が見出せるか否か、について考察していくことにしよう。

① 花田仁伍「現代日本農業の起点─農地改革」、講座『日本資本主義発達史論』Ⅳ、日本評論社、一九六九年。
暉峻衆三「農地改革の軌跡」、『農村と都市を結ぶ』No.269～271、一九七三年一〇、一一、一二
東大社研編『農地改革』、東大社研編『戦後改革』6、東大出版会、一九七五年。

安孫子麟「農地改革後土地所有の性格について」、宮城歴史科学研究会『宮城歴史科学研究』No.3。

古川哲「現代日本の土地所有と地代の問題」、『現代と思想』No.30、一九七七年十二月。

今西一・伏見信孝・野田公夫の各論稿、『歴史評論』No.333、「特集・農地改革の歴史的意義」、一九七一年一月。

大沼盛男「農地改革のめざしたものの帰結・その現代的評価をめぐって」、『北方農業』No.296、一九七七年八月。

井上周八「農地改革の意義とその後の農地問題」、『ジュリスト』No.476、一九七一年四月。

今村奈良臣「農地改革」、『ジュリスト』No.533、一九七三年五月
河相一成「土地問題の基本的課題─農地改革との関連で」、『北方農業』No.296、一九七七年八月
② 栗原百寿「農業危機の成立と発展」、同『著作集』Ⅲ、校倉書房、一九七六年。
渡辺洋三「農地改革法の立法過程」、東大社研編『農地改革』。

③ 近藤康男『農地改革の諸問題』有斐閣、一九五一年。
井上晴丸『日本資本主義の発展と農業及び農政』中央公論社、一九五七年。
沢村康『農業土地政策論』養賢堂、一九三三年。
④ R・P・ドーア『日本の農地改革』岩波書店、一九六五年。
小倉武一『土地立法の史的考察』、「農林省農総研研究叢書」No.17、一九七五年復刻版。
⑤ 渡辺洋三、前掲書。
吉田克己「農地改革法の立法過程―農業経営規模問題を中心として」、東大社研編、前掲書。
⑥ 近藤康男『日本農業論』上、御茶の水書房、一九七〇年。
石渡貞雄『農地改革の基本構造』、東大出版会、一九五四年。
栗原百寿、前掲書。
⑦ 石渡貞雄、前掲書。
⑧ 栗原百寿、前掲書。

## 第二節　自作農創設政策の必然性

「創設政策」が、戦前期の国家政策において必然的に位置づけられてきた経過を概観しておこう。

これは同政策が、寄生地主的土地所有と小作農民、独占資本主義と小作農民、寄生地主的土地所有と独占資本主義、という三階級の相互矛盾の上に成り立ちつつも、究極的には独占資本主義が寄生地主的土地所有の機能を抑制して、小作農民層（ひいては全農民層）を自己の収奪・支配下に置く構造を作り上げるうえで、重要な役割を果たしたことを歴史的に後づけるためである。

一九一七年（大正六年）に激発した米騒動は、小作農民の地主階級に対する闘争を誘発させ、以降、小作農民運動は急速に拡大する（一九一七年の小作争議件数は八五件にすぎなかったが、一九二一年〈大正十年〉には一六八〇件を数え、その後も増加の一途をたどる）。

争議内容は当初、小作料減免を主としていたが、地主による土地取上げが増加し、同時に小作農民の組織化（日本農民組合設立、一九二二年）がすすむにつれて、次第に土地取上げ反対・耕作権確立へと展開する。当時の地主階級による土地所有の絶対化を根底から揺るがすものであり、その意味において耕作権確立運動は、小作農民階級と地主階級とがもっとも鋭く対決せざるをえない内容をはらんでいた。それはつまり、土地の耕作権と所有権との対抗関係が極めて具体的に顕在化した闘いであったといえよう。

こうした階級対抗の中で政府は、一九二四年（大正十三年）に「小作調停法」を施行する。同法はすでに明らかなように、「小作料其ノ他小作関係ニ付争議ヲ生シタルトキハ当時者ハ争議ノ目的タル土地ノ所在地ヲ管轄スル地方裁判所へ調停ノ申立ヲ為スコトヲ得」というもので、調停による紛争解決を主眼とし、しかも調停にあたっては紛争に関わる第三者（農民組合等）を排除することによって地主に有利な解決を誘導しようとするものであった。

同法が制定される前の動きとして注目されることは、小作制度調査委員会が幹事私案として「小作法案」（同委員会「小作法研究資料・第一次」）をとりまとめ、賃借権・永小作権は登記がなくとも第三者に対抗し得る、小作権の期間を一五年以上とする、小作権の譲渡は自由とする、といった内容を盛り込んでいた。だがこれは、地主階級の強い抵抗にあい、当時は政府の法案としてまとまるにいたらず、さきの「小作調停法」が施行されるのである。* つまりこれにも示されるように、耕作権と所有権をめぐる激しい対抗がさまざまな様相をともなって展開されてきたのである。

＊ 小作制度調査委員会は「小作法ヲ出シテモ不安心デ欠点ガ多イ様デアルカラ調停法ヲ先キニ出シタ方ガヨイ小作法案ハ反動変革ガ大ニ過ギル虞レガアル、調停法ヲヤッテソノ次ニ永小作ノ民法修正ヲヤリ度イ」という横井時敬委員の発言にリードされ、小作立法作業に優先して調停法の立法がすすめられた（一九二二年『小作制度調査委員会特別委議事録』）。

こうした階級対抗の中で政府は一九二四年（大正十三年）に「小作調停法」を施行する。同法はすでに明らかなように、地主に「小作料」関係に有利に展開するという意味にとどまらず、調停による小作争議の鎮静によって、地主的土地所有を保持し、それを一基盤とした独占資本主義体制の展開をはかるという意義を有していた。すなわち低賃金構造の農村における基盤の保持である。このように、地主と独占資本の双方が、小作農民に対抗してくる性格をもつ「小作調停法」に対して、日本農民組合は第二回・第三回大会において反対決議をあげ、さらに一九二七年の第六回大会でも同法撤廃を決議して執拗に反対の意志表示を繰り返している。日本農民組合のこの意志表示は、一九二二年の創立大会において綱領的決議として掲げた「耕地の社会化」、「小作立法の確立」の路線に沿ったものである。

「小作調停法」は、その施行当時からすでに地主の絶対的土地所有権保持と小作農民の耕作権確立とが激しく対抗し合い、その後もこの対抗関係は一層激化*してくるのである。

* 耕作権確立をめざす農民運動の件数は、昭和期に入って増加の一途をたどる。一九二七年の三五七件から一九三〇年には一〇〇二件、一九三五年には三〇三一件となる。また、小作争議件数に占める耕作権確立要求（小作継続および小作権確立・離作料要求等）件数は小作料減免要求件数を次第に上回るようになる。すなわち、一九二四年には、前者はわずかに一・七％を占めるにすぎなかったが、一九二五年一一・四％、一九二六年二〇・三％、一九三三年五六・六％、一九三七年五九・四％となる（『農地改革顛末概要』および黒田・池田著『日本農民組合運動史』より）。

また一九二二年に創立された日本共産党は、綱領草案において「土地のすくない農民を援助するための国家土地フォンドの形成。とくに農民が従来小作人として自分の農具で耕作してきた土地はすべて、私有財産としてではなく用益のために、農民に引きわたすこと。」（傍点引用者）を掲げている。

日本農民組合は、一九二四年第三回大会において、「耕地の社会化・小作立法の確立」を綱領に引き続き掲げ、これにもとづき、同年七月に小作調停法に対する反対声明を出す。それは「……生存の為に分配の公正を求める小作争議は、年々激甚を極めて行くであろう。然しながら、子作人に取りては分配の公正を期する前提に、耕作権確立の問題をもって居る。……然るに此の耕作権確立の問題を解決せず、之を現在のままにして両者の争議を調停せんとするが如きは、全く不対等の地位に於ける小作人を故意に圧せんとするものか、然らずんば、極めて彌縫的な一時の糊塗策に過ぎない。……」（日本農民組合機関紙『土地と自由』No.31号外）

小作争議が、小作料減額から耕作権確立へと質的に転換する兆しが見え始めた頃（大正中期）から、争議の調停にとどまらず、より根本的な争議対策の必要性が地主階級を中心に認識され始めた。より根本的な対策はこの場合、耕作権確立に対抗する所有権のあり方をめぐる対応である。地主階級の利益を代表する団体である帝国農会は、一九一五年（大正四年）の第六回通常総会において、「自作農ノ保護奨励ニ関スル建議[1]」をとりまとめ、自作農の維持・創設の方向を早くもうち出している。すなわち「我国ニ於ケル自作農ハ其数素ヨリ多カラズ然ルニ連年之ガ減退ノ傾向ヲ示シツツアルハ大ニ憂慮スベク国家将来ノ為メ之ガ減退ヲ未然ニ防止シ……政府ハ此ノ目的ノ為メ左ノ二項ヲ調査遂行セラレタシ」として、「国有地其ノ他ヲ小農ニ払下グル事」、「小農ノ土地買入ノ便宜ヲ計リ之ガ為メ特ニ金融機関ヲ設置スル事」をあげている。これは自作農維持・創設に関する最初の世論であったとみられ、しかも地主団体たる帝国農会によってそれが提起されたことに注目しておく必要があろう。

帝国農会は、さらに一九二四年（大正十三年）の第一五回通常総会において、「自作農維持及創設ニ関スル建議[2]」をとりまとめている。同建議は、自作農の漸減と小作農の生活不安にもとづく争議の頻出を憂い、その対策として「自作農維持創設ノ方策ヲ定メ自作者ノ安定ヲ図リ小作者ノ向上ヲ誘導シ以テ農業経営ノ進歩ヲ促シ小作争議ノ緩和ヲ図ルハ農村振興ノ根本政策ナルト同時ニ重大ナル社会政策ナルヲ以テ政府ハ地方ノ実状ニ鑑ミ左ノ事項ヲ速ニ之レヲ実行サレンコトヲ望ム」とし、政府が自作農創設維持のための土地購入資金の融資と利子補給等の措置を行うことを提案している。

帝国農会のこうした動きに併行して小作制度調査会（小作制度調査委員会の後身）は、以前から検討してきた自作農創設問題をとりまとめて「自作農創設方策ニ関スル施設ノ大要」を決定し、土地購入資金の融資と利子補給と、その資金のために特別会計基金法の制定、という内容を政府に答申した。

政府はこれらの動きを受けて、一九二六年（大正十五年）に、「自作農創設維持補助規則」を公布し、具体的に「創設政策」をスタートすることになる。

なお、この間の動きとして注目しておかなければならないことに次のことがらを指摘しておく必要がある。すなわち、自作農創設を必要とする世論が高まり始めた時期に、政府は簡易生命保険積立金運用規則に農民の土地購入資金貸付項目を盛りこむ措置をとったことと（一九一七年）、勧業銀行が「自作農貸付」金融を開始したこと（一九二〇年）とである。

簡易生命保険積立金が自作農創設に直接に貸し出され始めたのは一九二二年（大正十一年）からであるが、政府が地主団体の世論を受けて逸早くこうした措置をとったこと、また勧銀が商工業を対象とした貸付業務を、農村対策の自作農貸付業務にも対象を拡大したこととは、当時、政府および資本家階級がいかに農村対策――小作争議鎮静を重視していたかの一端をうかがうことができるであろう。

さて、一九二六年（大正十五年）に公布された「自作農創設維持補助規則」に関し、農林省は農務局長名で地方長官宛「通牒」を出しているが、そこに盛られた同規則の必要性については、当時の政府の考え方が端的に示されている。

すなわち「……逐年増加ノ傾向ニ在ル小作争議ノ緩和ヲ図リ農業経営ノ安固及農村発達ノ堅実ヲ期スル為自作農ノ創設維持ヲ図ルハ現下ノ農村事情ニ鑑ミ焦眉ノ急務トスル……」というものである。

また、一九二七年（昭和二年）に「第一回自作農創設維持ニ関スル会議」が各府県の担当者を集めて開かれたが、その席上で石黒忠篤農林省農務局長（元）は次のようなことを述べている。

「抑々自作農ハ土地愛護ノ念強ク土地ノ生産力ヲ維持培養シ其ノ思想ヤ堅実以テ農村ノ中堅トナリ国土ヲ有利ニ経営シ農村社会ノ構成上枢要ノ地位ヲ占ムル　然ルニ我国現下ノ状況ニ於テハ自作農家ハ年々減少シ自作耕地ノ小作耕地ニ関スル割合モ亦漸減ノ傾向ヲ示セルハ誠ニ憂慮ニ堪ヘサル所ナリ故ニ農村振興ヲ策スルニハ先ツ自作農ノ創設維持ニ努メサルヘカラス　是レ小作農ニ土地所有ノ機会ヲ与ヘ幾分ニテモ自作農ノ地位ニ立タシメ自作兼小作農ヲシテ一層自作関係ヲ大ナラシメル所以ニシテ農業者ヲシテ益々農事ニ精励セシメ又逐年激増ノ傾向ニアル小作争議ヲ緩和シ其ノ解決ヲ容易ナラシムル等ノ効果尠ナカラサルモノ言ヲ俟タサル所ナリ。」③

これらで明示されているように、「創設政策」は小作争議鎮静に最大の焦点がおかれているとともに、自作農のもつ性格が当時の農村社会において極めて重要な意味を有していたことがわかる。当時、わが国の米需給状況は、供給量に占める輸移入率が年々増加し（一九二三年八・四％、一九二五年一六・二%)[4]、工業の発達にともなう都市人口の増大は、商品としての米消費量を増加させてきた。こうした事情は、すでに実施されていた「米穀法」(一九二一年公布、一九二五年改訂)による米需給調節と価格調節機能によって需給と価格にやや安定した状況を生み出しつつも、それは未だに不十分さを免れなかった[5]。それ故、米生産の増大・安定と消費者米価の低下・安定とは、当時の日本独占資本主義にとって低賃金構造維持の上で必要不可欠の要素であった。こうした事情から、一方では基本的に寄生地主的土地所有を保持しつつ、他方では農業生産力を安定的に維持向上させる農民層の育成が必要となる、といった日本資本主義の構造的性格の反映が示される。ここに〝堅実で〟しかも〝農業生産力の維持培養〟に努める自作農の育成としての「創設政策」が登場し、小作農民の耕作権確立要求と鋭く対立してくるのである。

以上に述べた如く、創設政策は、小作争議鎮静による寄生地主的土地所有の基本的な保持を基礎としつつ、同時に日本独占資本主義の米穀政策・低賃金構造維持の必要という、地主と独占資本主義双方の意図が癒着・結合することによって生まれた政策といえよう。それ故、それはすでに資本主義体制の危機段階に入る中での特殊な構造をもつ日本資本主義体制の維持策の一環といえるのである。

① 帝国農会史稿編纂委員会『帝国農会史稿(資料編)』農民教育協会、一九七二年。
② 同右書。
③『第一回自作農創設維持ニ関スル会議録』一九二七年五月。

④　東亜経済調査局『本邦における米の需給』。
⑤　米穀法により高騰していた米価は若干低下し始める。内地主要市場中米平均価格は、一九一八年（大正七年）には一五〇kg当たり三一円八二銭、一八年には四五円四九銭と暴騰したが、米穀法による政府の買入れ・売渡し介入により、たとえば、一九二七年（昭和二年）十二月には三五円二八銭に、一九二三年（大正十二年）十二月には三四円八六銭となっている（『農地改革顛末概要』および荷見安『米穀政策論』）。

## 第三節　政策の展開過程と小作農民層との対抗

### 1　前史（大正初期～大正十五年）

「創設政策」が政府施策として開始されたのは一九二六年（大正十五年）からであるが、それに先だって県農会が独自に自作農創定のための指導を行っており、これが寄生地主制下におけるわが国の自作農主義にもとづく土地政策の端緒であったといえる。

この中でも、もっとも早くから自作農創定事業を手がけたとみられる三重県の例をあげておこう。

当時の記録[1]には、次のように述べられている。

「県下における地主の小農奨励施設としては、大正二年員弁郡笠田村の地主和波氏は小作人をして土地を所有せしめる目的より、小作人の土地所有奨励の規程を作製し、小作人向上の施設をとり、桑名町の地主諸戸氏は、大正四年小作農向上自作奨励案を作製し、諸戸家信用購買組合をして事業を実施せしめ、耕作人に耕地所有の機会を与へ、……争議地方に於ける地主の所得は争議の結果漸次減少せんとするの傾向あるのみならず県下における争議の特徴として調停事項に服するも依然小作米を滞納する傾向強く従って一度争議に会するや小作米の回収頗る困難に陥るを例とするが為争議に対する恐怖心より此の際投資の転換を計ることの有利なるを悟り所有地を売却せんとするものがあるが如きは適切なる例と言ふべき……。」（傍点引用者）

三重県は、小作争議に直面した地主は、地主経営の不安定性の増加にともない、所有土地の一部を売却してその資金を他の有利な投資（株券等）にふり向けて、地主経営の安定を計るとともに、小作農民に土地所有権を与えて小作争議の鎮静をはかる、といった対応がみられる。

これらは個々の地主ごとの対応であるが、三重県農会は、一九一三年（大正二年）に「優良農家表彰規程」を設けて、小農の奨励事業にふみ出す。同規程は、①農民に土地の所有権を与えるため優良農家に土地所有の便宜を与える、②対象農家は、全部または大部分を小作地によって経営を行うもの、③表彰農家に付与する賞金は、永久自作を目的として一反以上の耕地あるいは開墾適地を購入する場合に限り使用させる、を骨子としたものである。さらにその後の小作争議拡大に対応して、県農会が新たに「土地購入資金貸付規程」を定めて事業拡大を行っている（一九二二年）。同規定の基金は、県の各種積立金・借入金・県農会基本金・有志の寄付金・供託金などで構成されている。続いて一九二四年には、県農会独自にこの事業を行うよりも県行政として行うことが適当との判断で、県により「三重県自作農地創定資金貸付規程」が発足し、県農会の事業を県が引き継ぐことになる。また、一九二二年（大正十一年）に簡易生命保険積立金の自作農創定への貸付が開始されるや、同県は逸早く五万円を借り入れ、農会を通じて小作農民に転貸するという対応をみせている。

**表１　簡易生命保険積立金貸付状況**

| 地域 | 簡易生命保険積立金貸付（1922～27年） 実数（千円） | 割合（%） | 小作争議発生件数（1921～26年） 件数 | 割合（%） |
|---|---|---|---|---|
| 北海道 | 852 | 3.7 | 67 | 0.7 |
| 東北 | 920 | 4.0 | 117 | 1.1 |
| 関東 | 2,750 | 12.1 | 835 | 8.1 |
| 北陸 | 981 | 4.3 | 577 | 5.6 |
| 東山 | 385 | 1.7 | 767 | 7.5 |
| 東海 | 3,532 | 15.5 | 1,172 | 11.4 |
| 近畿 | 4,360 | 19.1 | 4,429 | 43.2 |
| 中国 | 2,652 | 11.6 | 667 | 6.5 |
| 四国 | 1,522 | 6.7 | 724 | 7.1 |
| 九州 | 4,843 | 21.3 | 894 | 8.7 |
| 合計 | 22,797 | 100 | 10,249 | 100 |

注　1．積立金貸付状況は、簡易保険局「自作農創設維持資金貸付状況」(1938)よる算出。(雄松堂『土地経済資料』R9所収)
2．小作争議件数は、黒田寿男・池田恒雄『日本農民組合運動史』（1949）よる算出。

三重県はこのように、大正初期から個々の地主による自作農創設が行われはじめ、それが県農会へ、そして県施策へと展開していき、小作争議の激化と地主経営不安定性への敏感な対応を全国に先がけて実施していることが注目される。

一九二二年に簡易生命保険積立金が自作農創設を対象として貸し出されるが、これの貸付状況を地区別に概観すると次のようになる（**表１**）。

一九二二年（大正十一年）から一九二七年（昭和二年）までの同積立金貸付総額は二二七九万七千円であるが、これの貸付額割合を地区別にみると、九州の二一・三%、近畿の一九・一%、東海の一五・五%が目立ち、中国の一一・六%を含めて、総じて西日本にかなり集中している。東日本は関東の一二・一%が目立つが、他はわずかである。これを小作争議発生件数と対照してみると、一九二一年(大正十年)から一九二六年(大正十五年)の争議一万二四九件のうち、じつに四三・二%が近畿に集中しており、東海の一一・四%、九州の八・七%など西日本で高い割合を占めている。

これらから知られるように、小作争議多発地区に簡易生命保険積立金の自作農創設への貸付が多く行われており、政府による創設政策が実施される以前にすでに小作争議鎮静対策が争議多発地区を中心にかなり行われていたことがわかる。もっとも、同積立金借入申込みに対する貸付比率が、とくに東北の場合に低く(山形県一二%、福島県一五%、秋田県一七・六%、岩手県二八・六%、宮城県三〇%)[2]、これら諸県は争議対策を同積立金に十分に依存できないといった状況もあったことを念頭におく必要もあろう。

以上の経過は、いわば「創設政策」の前史ともいうべきもので、個々の地主、県農会、県などが独自に行ってきた創設政策を、国家政策として統一的内容によってスタートしたのが一九二六年の「自作農創設維持補助規則」の公布によることはすでにみたとおりである。

国家政策としての同政策の展開は、三つの時期に区分することができる。

## 2 第一期（昭和一年〜十一年）

第一期は、一九三六年（昭和十一年）までで、地主所有地の一部を小作（小自作）農に所有権を譲渡することにその中心がおかれ、前史にみられた内容、つまり小作争議対策と地主経営不安定性による土地売逃げへの対応、というものである。

この時期は、昭和恐慌による米価・地価の低落にともない、自作農創設を行った農家が借入金返済に行き詰まり、延納措置を講じなければならない事態、また一九三四年、東北を中心とした大冷害による農民経営の深刻な打撃により、同政策に新たな困難が加わるといった事態が続くのである。

この時期に、日本農民組合は、自作農創設政策に反対の意志表示を行う。第四回全国大会（一九二五年）までは、耕作権確立・耕地の社会化が、綱領における土地問題の中心課題であったが、第五回大会（一九二六年）では、綱領に新たに「耕地不買同盟」が掲げられ、すでに進行しつつあった自作農創設への抵抗を示した。また、機関紙『土地と自由』に「運動の矛先を抑へんとする支配階級の巧妙なる手段――所謂自作農創定――」という論説*を掲げて、土地所有権の小作農民への移譲よりも耕作権確立の運動を強化することの必要性を説いている。

＊ 論説では、当時の自作農経営の不安定さを、調査結果にもとづいて解説し、土地を購入しても借入金の元金・利子返済がおぼつかないことを強調する、そして「耕作権を確立せよ。我等は土地を持たず

とも、土地を耕作する権利さえ確立すれば良い、……我等はまた耕作する権利あるべき筈である。今までは侵害されてゐた、之を回復して我等の手中に収むるならば安心して耕作が出来るのである、何も土地を持つ必要はない、……不徹底な地主助け小作人苦しむ自作農創定に迷わされることなく、目下は耕作権確立に邁進すべきである」と述べている（『土地と自由』No.50、一九二六年二月二十一日付）。

第一期はこのように、地主階級が国家政策に依存して小作争議鎮静と土地売却とを有利に進行させるために、小作農民に土地所有権を一部譲渡することを中心にすすめられるが、恐慌・冷害と重なる事態の下に、その対応策にも追われるといった状況が生ずる。

他方、農民組合は、同事業を欺瞞的な自作農創設に反対の意思表示を行う。土地所有権移譲を拒否して不買同盟を訴え、耕作権確立運動をさらに強める方針をうち出す。これにみられるように、支配階級は、土地所有権の一部を小作農に、小作農はそれを拒否して耕作権確立へと、真っ向から対立し合う関係が顕在化するのである。この間に、満州事変がひき起こされ（一九三一年）、日本国家独占資本主義は準戦時体制へと移行する。

## 3　第二期（昭和十二年〜十七年）

第二期は、一九三七年（昭和十二年）から一九四二年（昭和十七年）の時期である。

一九三七年は日中戦争の開始、翌三八年には「国家総動員法」施行と、日本資本主義は戦時国独資に入り、総力を侵略戦争に注入する国家的体制が構築されてくる。これに対応して創設政策には新たな要素が加わるのである。すなわち、戦時食糧確保が国策の中心課題にすわり、それが「創設政策」に結合されてくる。帝国農会は、一九三六年（昭和十一年）の第二八通常総会において、「農地制度改善ニ関スル対策如何」の農相諮問への答申の冒頭に「自作農創設維持施設ノ規模ヲ拡充シ之ヲ未墾地ニモ及ボシ特別ノ資金制度ヲ設クルコト」[3]（傍点引用者）を掲げている。また「事変下ニ於ケル農業生産力維持ニ関スル対策如何」の農相諮問への答申に「戦時体制ニ照応シタル綜合的且合理的農業生産計画ヲ確立スルコト」「政府ハ戦時体制下ニ於テ必要ナル農産物ノ種類及ソノ所要量ヲ分明ナラシムルコト」を冒頭に掲げている[4]（帝国農会第二九回通常総会、一九三七年）。

これらを受けて、政府は戦時食糧確保策に本格的に乗り出すが*、それの一環として従来の「創設政策」に、個人および団体が自作農創設に必要な未墾地購入に資金貸付等を新たに付加した「自作農創設維持助成規則」を一九三七年に公布する。これによって同政策の一期にみられた個人・既墾地のみを対象とした事業から、戦時食糧増産政策の下に新たな展開をみせ、しかも一期においても影がうすかった自作農の「維持」策は、さらに後退して「創設」への比重が一段と強まる。

＊　すでに政府は、一九三三年（昭和八年）に「米穀法」を廃して「米穀統制法」を公布し、政府に対する米穀の買入申込みには無制限に応じ、国内における米穀流通（移動）状況を国家が把握することを

義務づける、などを行い、国家による米穀流通支配を強化してきた。なお、その後の一九三九年（昭和十四年）には「米穀配給統制法」を施行し、日本米穀会社（国が二分の一出資）による米穀市場の一元化、国による米穀の強制買入命令の発動などが行われる。さらに一九四〇年（昭和十五年）には、米穀管理規則により地主米と生産者米に格差をつける、いわゆる二重米価制を敷き、直接生産者の生産意欲を刺激して、食糧増産・供出を強化し、地主的土地所有に大きな打撃を与える。そして一九四二年（昭和十七年）には、「食糧管理法」を公布し、政府による米穀の完全統制体制を完成させていく。

二期におけるこうした動きに加えて、さらに注目すべきことは、一九三八年（昭和十三年）に「農地調整法」が成立公布したことである。同法は、農村経済更生（自作農創定）・農村平和・小作争議調停を目的とした戦時立法で、農地諸権利移動の国家規制をともない、兵役等による不耕作地を指定団体（町村等）が管理・買収し、これをも創設政策に結合させる、といった内容が盛りこまれている。

このように第二期の特徴は、戦時食糧確保を絶対目的とする国策にもとづき、未墾地を創設政策に付加し、さらに農地諸権利に対する国家規制とも結合して、著しく戦時体制下の政策として展開することにある。

さて、この時期の農民運動の性格について若干触れておかなければならない⑤。

一九二二年に創立された日本農民組合は、すでに述べたように耕作権確立を前面におし出した運動を展開してきたが、一九二六年（大正十五年）には、平野力三らによる右派の分裂、一九二七年（昭和二年）の麻生らによる第二次分裂など、右派の分裂策動によって組織の離合集散がくり返され、農民組合組織と実際の小作争議とが遊離する傾向がすでに生じていた。他方、分裂をくり返す中で、一九三一年（昭和六年）には、組織の左翼合同が一応達成されて、新たに全国農民組合が結成される。しかしこれも組織内右派による左派締めつけにより、左派は全農全国会議を結成する。そして同派は農民委員会方式[*]による運動の大衆的広がりに努める（一九三二年）。だが、準戦時下に対応して右派の一部は、全国農民組合を脱退して皇国農民同盟[**]を結成して、階級闘争から完全に脱落し、ファシズム運動に転落していくのである。

＊　農民委員会方式は、ともすれば中農中心に傾きがちであった組織化・運動を、全農民の七〇％を占める貧農をも含めたさまざまな要求（土地取上げ反対、借金闘争、税金闘争、失業問題、賃金不払問題等）を解決する大衆的運動形態と規定している（全農全会派第二回全国代表者会議、一九三三年）。

＊＊　皇国農民同盟は、吉田賢一（全国農民組合大阪府連委員長）を盟主に、大阪・兵庫・奈良・和歌山などの組合員を中心に作られた。同盟の綱領には「われらは万民共に皇国の礎たるを自覚し、日本精神に基く農村共同体の完成を期す」というもので、農民をファッショ思想下におくうえで影響を与えていった。

こうした動きの中で一九三四年（昭和九年）に、全国農民組合第七回大会が開かれるが、ここで採択された方針は、合法的枠の中に閉じこもった内容となり、日本農民組合以来の階級的な闘い（地主と資本家に対する闘い）は影をうすめていった。そしてファシズムの思潮が深まる中で、この大会を最後にして全国的に統一された農民運動は、次第に解体を余儀なくされていく。

一九三八年（昭和十三年）、杉山元治郎らは、山形・富山・兵庫の農民組合を率いて大日本農民組合を作る。第一回全国大会では、反共産主義（反人民戦線）の政治的立場を鮮明にし、勤農報公の精神にもとづき、農業生産力維持増大を期し、国情に立脚した資本主義改革を促進する、などの綱領を掲げている。運動方針では、①公正なる小作料の決定基準と耕作権の確立、③土地国有制の確立と農地の部落組合管理などを掲げ、従来からの耕作権確立運動を継承した形をとっている。しかし、自作農創設反対・土地不買同盟の方針は姿を消し、資本主義の改良という綱領路線に沿って、当時の軍事的国策におもねて、具体的な農民闘争を組織するにはいたらなかった。

一九三九年（昭和十四年）、それまでに生き残っていた全国的な農民組織三団体（日本農民組合（平野）・日本農民組合総同盟（片山）・大日本農民組合（杉山））は、それぞれの組織を解散して「農地制度改革同盟」を結成する。

同盟の宣言には「小作農たると自作農たると将又地主たるとを問わず、その倚って立つところの本分を明らかにして渾然一体、我が農村の重大使命たる食糧生産の確保……を完遂しなければならぬ秋が来た。……農村に課せられたる国家的使命を完遂すべく、農地制度改革の大旗を翳し、土地管理制度の確立、家屋別自作農創設維持制度の創設、それへの前提たる小作地国有、この三大目的の達成……」と述べている。

また方針には、適正規模耕地面積の国家補償により各農家の適正規模を農家世襲にする、という方向をもうち出している。これらは、ナチス・ドイツの国土計画・農村政策*を踏襲した極めてファッショ的色彩を色濃くもったものである。ナチス・ドイツの農業政策は、①外国食糧品市場からのドイツの独立、②強力かつ健全な農民階級の創設、③農産物に対する「公正」価格の確立、が主要目的となっている。そしてこれにもとづき農業政策が実施されるが、本稿との関連でとくに注目しておかなければならないのは、「世襲農場法」(一九三三年公布)である。これは一定の規模の農場はすべて自動的に世襲されるとし、その町民は国民的福祉の受託者として行動する、という思想によって裏うちされているのである。**

＊ ナチス・ドイツは、一九三五年に国防体制・国家社会主義体制の基礎としての国土計画を樹てるが、そのもっとも重要な柱として農業政策が位置づけられる。「農村は常に民族の存立に大なる寄与をなして来たのであり、今後は更に農村を更新の根元として維持し保護してゆかねばならない。……最上級の根本原則はドイツ国民の生活源泉としてのドイツ農民層を維持し増加する事と、食糧の基礎を確保するために農業用地を愛護することであった。そして、このために法律上の根拠を与へ農民の地位の建設につとめたのである。……そのため国家労働奉仕の奉仕期間並に国家労働奉仕及び女子の労働奉仕の強化について、一九三六年九月総統兼総理大臣は『国土計画局は労働大臣がドイツにおける食糧の自給並原料を確保するために強化せられた国家労働奉仕を合目的に使用せしめ得る為、労働大臣を援助すべし』と云う命令を発したほどである」と指摘されている(松本辰馬『日本農業国土計画論』東洋書館、一九四一年)。

＊＊「聯邦世襲農場法は一九三三年九月、内閣によって発布された。それは古代ゲルマンの法観念を復活させ、同時に大規模な農業計画や人口計画の基礎を準備するものである。その基本思想は次のごときものである。一定の中位の大きさの農場（少なくとも自給に、即ち一家族を養育するに充分な大きさをもつことが必要であるが、原則上一二五ヘクタールを超えてはいないことになってゐる）は、それが法律上『農民』たる資格を有する人の財産たる場合『世襲農場』と呼ばれる。農民の法的地位を規定するためにはドイツ市民権と純粋ドイツ人の血統と、高潔な人格とが要求される。前述の広さをもち、農民によって所有される農場はすべて自動的に世襲農場となる。大所有地でも公共利益を含むものは特別にこの法律を適用して、世襲農場として登記することが出来る。」（具島兼三郎『ナチス準戦時国家体制』千倉書房、一九三七年）。

こうして日本が戦時国独占資本の下で、侵略戦争遂行のためファッショ体制が強化されるにつれて、これまで農民運動に指導的役割を果たしてきた階級的農民組合は、ついに変質を迫られ、国家総動員体制下で農民のイデオロギーをファシズムに向ける先兵的役割を果たす位置まで転落していったのである。こうした中で農民運動は一九三五年（昭和十年）をピークにして次第に退潮傾向をたどり、一九四〇年（昭和十五年）の争議件数はピーク時の半数にまで落ちこむ。しかしこうした中でも、激動・離合集散・変質をたどる全国的な農民組織とは別に、耕作権確立に関わる争議の火が消えることはなかった。一九三七年（昭和十二年）には、耕作権確立に関わる争議は三五七五件（全争議件数の五八％）を数え、一九四〇年（昭和十五年）、すでに右翼的潮流が支配的になっている中でも一四八四件（全争議件数の四七％）を数えているのである[6]。

第二期は、以上にみた如く、戦時体制下における戦時食糧確保を一義的目標とし、さらにそれの遂行には農民の思想をファシズムの影響下におく、といった国策と自作農創設と結合するという著しく戦時色の濃い性格になったのである。

そのことは米穀政策とも関連して寄生地主的土地所有機能に一定の制限を加え（一九三九年の小作料統制令もそれに加わる）、そのうえで〝堅実〟で〝生産力を培養〟しうる自作農民を創出（農民に土地所有権を付与）することに政策の中心課題がおかれる。この意味において、二期の性格は、一期と著しく異なり、独占資本主義の利益の上に自作農創設が行われるという内容をもつことになるのである。だがこのことは、小作農民層を納得させるものではなく、さきにみたように根強く耕作権確立要求が底流に流れていたことに注視しておかなければならない。

## 4　第三期（昭和十八年～二十年）

第三期は、一九四三年（昭和十八年）から敗戦までの時期である。

一九四三年四月、農地審議会特別委員会は、「自作農創設維持事業ノ整備拡充要綱」をまとめる。これは「大東亜建設ニ伴フ人口及民族政策ノ根本趣旨ニ則リ農業ヲシテ大和民族培養ノ源泉タル実ヲ発揚セシムルト共ニ日満支ヲ通スル主要食糧自給力ノ充実確保ヲ図ルコトハ現下喫要ナル処自作農家ハ矜恃ヲ以テ農業ニ其ノ全力ヲ注ギ十分ナル創意ヲ発揮シ国家ノ要請ニ即応スル皇国農民ノ中核タルノ事実ニ鑑ミ……」、従来の事業を拡大して既墾地約一五〇万町歩、開発農地約五〇万町歩を目標に自作農創設を計ることが政府に提言される。

これを受けた政府は、同年「自作農維持ニ関スル件」（農林次官の地方長官通牒）を出す。これは前記の主旨を全面的に取り入れ、「皇国農民ノ中核トナルヘキ農家ノ維持育成」を目的としたもので、文字どおり〝聖戦〟遂行のため食糧増産の先兵としての農民を作り上げることに最大の意義をもたせている。この点については、本質的には二期と同質の性格をもつが、これに加えて三期の特徴は、これまでの分村計画の上に、新たに「適正規模農家」への土地の一定の集中を意図した方向づけがうち出されたことである。

自作農創設と適正規模農家育成との結合は、第三期の著しい特徴であって、それは次のような意味をもつといえよう。

まず第一に、政府の具体的な育成策であるが、さきの「通牒」によれば、「創設セラルル土地ガ小作地ナル場合ニ於テハ原則トシテ当該土地ノ小作人ヲ対象トスルモ地方ノ事情ニ即シテ適正経営農家ノ創設上必要アルトキハ現ニ当該小作地ヲ耕作スル小作人ニ付（満洲又内地開発地へノ）入植ヲ斡旋スル等万全ノ措置ヲ講シタル上村内ニ居住スル他ノ耕作者ニ之ヲ取得セシメル等必スシモ当該小作人ノミヲ対象トスルヲ要セザルコト」として、当該小作人のみを創定の対象としてきた一期・二期とは著しく異なった方向、つまり当該小作人の土地所有権取得の優先権を適正規模農家育成の名の下に一部制限することになるのである。これは一期・二期を通じて、とりわけ一期において小作争議対策を主目標に掲げた同政策が、日本資本主義の戦時体制の構築、その下での小作争議の抑圧・鎮静という状況下で、小作争議対策よりも戦時食糧増産の先兵となり得る農民層育成が急務となったことを意味しよう。

第二には、適正規模農家育成の意味である。周知のように、わが国における適正規模論（政策）は昭和恐慌期以降における過剰人口対策と結合した分村・移民計画として展開されたのが最初である。そして当時は、恐慌期を通じて〝農家生活の安定〟を目ざす経済更生運動として適正規模農家が考慮されており、そこには必ずしも小作経営・自作経営の区別は明確ではなかった。[*] だが、「創設政策」の三期においては、生産力の維持培養に努めるものを自作農と規定し（これは二期から示されるが）、この層の（農家生活ではなく）生産力を維持・発展させるものとして適正規模農家が提起されてくるところに特徴がある。つまり、農家対策としてではなく、戦時食糧対策としての位置づけである。

＊　この点については、たとえば小作経営では、高額小作料のままでは安定農家たることはできないから、適正規模農家は自作農でなければならない、といった論議が当時行われていたが、分村計画と結合した政策上では、これらの区別は明瞭ではなかったといえよう（これらについては、宮出秀雄『農業適正規模論』日本評論社、一九四三年、および安田誠三『農業統制と協同化』日本出版配給株式会社、一九四二年、などを参照のこと）。

第三には、戦時農業政策の根幹として食糧の自給自足体制確立がうたわれ、これに即応した農家経営と農業生産力とが要求されたこととの関連での適正規模農家である。「戦時農業政策が、平時に於ける社会政策的・救農的な消極性を一拠して、戦争完逐体制の確立強化――従って自給自足体制の確立のための第一線的積極性を与へられてきた……かかる営農精神によって農業生産を担当する各々の農業経営が充実せしめられるためには、片手間の私経済充足的零細経営ではいけない。適正経営規模の創立による農業再編こそ必要であるとするのが、政策的見地より見たる適正経営規模論である」[7]（傍点引用者）といわれるように、食糧の自給体制という戦時国家統制経済に包摂された農業経営としての位置づけがなされている。これはさきにみたナチス・ドイツの農業政策に極めて近似しており、資本主義社会において小農民的私経済を否定した軍国主義的イデオロギーによるものである。

創設政策の第三期は、以上のように二期にも増して戦争体制への結合・ファシズム思想への依拠によって展開されていった。そして二期においても、いまだ脈々として流れていた農民の耕作権確立の闘いはすでに完全に暴圧され、戦時農業団体の統制、一九四三年の皇国農村確立政策の下に、農民の解放をめざす動きのすべてが窒息化せられるのである。

① 帝国農会「自作農創定ニ関スル資料」一九二七年三月、（雄松堂『土地経済資料』R9所収）。
② 帝国農会史稿編纂委員会『帝国農会史稿（資料編）』農民教育協会、一九七二年。

③　同右。
④　同右。
⑤　黒田寿男・池田匡雄『日本農民組合運動史』新地書房、一九四九年。
農民組合創立五〇周年記念祭実行委員会『農民組合五〇年史』御茶の水書房、一九七二年。
農地改革記録委員会『農地改革顛末概要』農政タイムズ社、一九五一年。
⑥　黒田・池田前掲書。
⑦　宮出秀雄『農業経営適正規模論』日本評論社、一九四三年。

## 第四節　政策の結果と地主・独占資本主義および小作農民

「創設政策」は全体として、創設農地が約二五万六七〇〇ha[①]、創設戸数が約五一万六一八〇戸で[②]昭和初期の小作面積に対して約九％（**表2**）、小作地を耕作していた農家の約一三・五％にあたる（このほかに「維持」成績が面積で約一万六四〇〇ha、戸数で約四万一二一〇戸ある。ただし統計が「創設」と「維持」を区分していない年次があるため、これらの数字は必ずしも正確ではない）。

これでもわかるように、同政策によって土地の所有権が小作農民に移った地主所有地はわずかなものであって、当時の寄生地主的土地所有の体制を揺るがすものではなかった。また、二期と三期とを通じて行われた未墾地による自作農創設は、政策イデオロギーを強力にうち出したのに比して、事業成績としてはごくわずかな結果しかみせておらず、政策の意図と実態との乖離の大きさが著しく目立つのである。以下、一〜三期ごとに事業の結果（「創設」を中心に）と、地主および小作農民とに与えた影響をみることにしよう（各期ごとの資料が必ずしも十分に残っていないため、分析に制約がある）。

| る既墾地創設 | 団体によ未墾地開発創設 | | 合　計 | |
|---|---|---|---|---|
| 戸　数（戸） | 面　積（ha） | 戸　数（戸） | 面　積（ha） | 戸　数（戸） |
| − | − | − | 75,918 | 170,445 |
| 617 | 129 | 313 | 68,275 | 98,875 |
| | | | 112,551 | 246,863 |
| | | | 256,744 | 516,183 |

入創設＝311ha、281戸、団体未墾地開発創設＝9ha、2戸（いずれも

## 1 第一期

第一期は、すでに述べたように、創設農地を耕作する小作農民が原則としてその土地の所有権を得るという内容であり、そして前史から行われてきたところの、小作争議対策を主眼とするものであった。こうしたことから、**表3**に示すように、創設戸数は前史でみた小作争議多発地区が一期においても比重が大きい。しかし創設面積はそれと必ずしも一致しておらず、北海道が全体の創設面積の約三〇％を占める一方、創設戸数において大きい比重を占める近畿・東海などは面積の比重が低い。これは、各地区の一戸当たり創設面積規模の差異、つまり、地主の土地所有規模や農業経営構造などの差異の反

### 表 2　自作農創設事業の結果概要

| | 個人の既墾地創設 | | 個人の未墾地開発創設 | | 「支那」事変<br>出征記念創設 | | 団体によ<br>購入 |
|---|---|---|---|---|---|---|---|
| | 面　積<br>(ha) | 戸　数<br>(戸) | 面　積<br>(ha) | 戸　数<br>(戸) | 面　積<br>(ha) | 戸　数<br>(戸) | 面　積<br>(ha) |
| 一　期<br>(1926～36年) | 75,918 | 170,445 | – | – | – | – | – |
| 二　期<br>(1937～42年) | 63,408 | 79,468 | 3,874 | 16,679 | 778 | 1,798 | 86 |
| 三　期<br>(1943～45年) | | | | | | | |
| 合　計 | | | | | | | |

注　1.　農地制度・資料集成編纂委員会『農地制度資料集成』補完 2、御茶の水書房より算出。
　　2.　三期の統計には、既墾地・未墾地、個人・団体の内訳がない。
　　3.　1943 年については次の数字が示されている。個人未墾地開発創設＝34ha、95 戸、団体既墾地購
　　上表三期の数字の内訳)。

### 表 3　1926 ～ 36 年までの創設状況

| | 創設戸数 | | 地目別創設面積（ha） | | | | | 1 戸当たり<br>創設面積<br>(10a) |
|---|---|---|---|---|---|---|---|---|
| | 戸　数<br>(戸) | 割　合<br>(%) | 田 | 畑 | 他 | 計 | 割　合<br>(%) | |
| 北海道 | 3,972 | 2.3 | 2,868 | 19,414 | 407 | 22,690 | 29.9 | 57.0 |
| 東　北 | 14,427 | 8.5 | 5,978 | 3,311 | 18 | 9,309 | 12.3 | 6.5 |
| 関　東 | 21,727 | 12.7 | 2,889 | 5,271 | 4 | 8,165 | 10.8 | 3.8 |
| 北　陸 | 12,145 | 7.1 | 3,823 | 320 | 2 | 4,145 | 5.5 | 3.4 |
| 東　山 | 10,962 | 6.4 | 1,588 | 1,214 | 84 | 2,887 | 3.8 | 2.6 |
| 東　海 | 23,978 | 14.1 | 3,614 | 1,848 | 275 | 5,739 | 7.6 | 2.4 |
| 近　畿 | 27,533 | 16.2 | 4,642 | 672 | 18 | 5,332 | 7.0 | 1.9 |
| 中　国 | 18,327 | 10.8 | 4,423 | 662 | 944 | 6,030 | 7.9 | 3.3 |
| 四　国 | 11,942 | 7.0 | 2,181 | 860 | – | 3,041 | 4.0 | 2.5 |
| 九　州 | 25,432 | 14.9 | 5,406 | 3,155 | 12 | 8,574 | 11.3 | 3.4 |
| 都府県 | 166,473 | 97.7 | 34,548 | 17,318 | 1,360 | 53,227 | 70.1 | 3.2 |
| 全　国 | 170,445 | 100 | 37,417 | 36,732 | 1,767 | 75,918 | 100 | 4.5 |

注　1.　資料は表 2-2 と同じ。
　　2.　面積は、10a 以下切り捨てたので、タテ、ヨコ合計は必ずしも一致しない。

### 表4　1926～36年までの購入面積別戸数

| | | ～10a | 10～20 | 20～30 | 30～50 | 50a～1ha | 1～1.5ha | 1.5～3 | 3ha～ | 合計 | 宅地だけの購入 |
|---|---|---|---|---|---|---|---|---|---|---|---|
| 北海道 | 戸 | 1 | 3 | 3 | 20 | 88 | 140 | 762 | 2,955 | 3,971 | 0 |
| | % | 0.03 | 0.08 | 0.08 | 0.5 | 2.2 | 3.5 | 19.2 | 74.4 | 100 | |
| 東　北 | 戸 | 209 | 1,185 | 1,767 | 3,613 | 5,804 | 1,231 | 457 | 155 | 14,421 | 6 |
| | % | 1.4 | 8.2 | 12.3 | 25.1 | 40.2 | 8.5 | 3.2 | 1.1 | 100 | 0.04 |
| 関　東 | 戸 | 1,682 | 6,302 | 4,223 | 4,395 | 3,910 | 787 | 319 | 39 | 21,657 | 70 |
| | % | 7.8 | 29.1 | 19.5 | 20.3 | 18.1 | 3.6 | 1.5 | 0.2 | 100 | 0.3 |
| 北　陸 | 戸 | 1,447 | 3,259 | 2,305 | 2,678 | 2,040 | 324 | 64 | 1 | 12,118 | 27 |
| | % | 11.9 | 26.9 | 19.0 | 22.1 | 16.8 | 2.7 | 0.5 | 0.008 | 100 | 0.2 |
| 東　山 | 戸 | 1,950 | 3,498 | 2,325 | 2,114 | 936 | 86 | 20 | 15 | 10,944 | 18 |
| | % | 17.8 | 32.0 | 21.2 | 19.3 | 8.6 | 0.8 | 0.2 | 0.1 | 100 | 0.2 |
| 東　海 | 戸 | 5,662 | 8,238 | 4,262 | 3,622 | 1,848 | 162 | 137 | 10 | 23,941 | 37 |
| | % | 23.6 | 34.4 | 17.8 | 15.1 | 7.7 | 0.7 | 0.6 | 0.04 | 100 | 0.2 |
| 近　畿 | 戸 | 5,611 | 12,494 | 5,066 | 3,231 | 1,022 | 37 | 3 | 0 | 27,464 | 69 |
| | % | 20.4 | 45.5 | 18.4 | 11.8 | 3.7 | 0.1 | 0.01 | 0 | 100 | 0.3 |
| 中　国 | 戸 | 2,432 | 6,110 | 3,846 | 3,512 | 1,942 | 200 | 174 | 105 | 18,321 | 6 |
| | % | 13.3 | 33.3 | 21.0 | 19.2 | 10.6 | 1.1 | 0.9 | 0.6 | 100 | 0.03 |
| 四　国 | 戸 | 1,777 | 4,506 | 2,434 | 1,966 | 1,164 | 62 | 11 | 9 | 11,920 | 13 |
| | % | 14.9 | 37.8 | 20.4 | 16.5 | 9.8 | 0.5 | 0.09 | 0.07 | 100 | 0.1 |
| 九　州 | 戸 | 2,063 | 6,508 | 5,616 | 6,693 | 4,071 | 344 | 89 | 4 | 25,388 | 46 |
| | % | 8.1 | 25.6 | 22.1 | 26.4 | 16.0 | 1.4 | 0.4 | 0.01 | 100 | 0.2 |
| 都府県計 | 戸 | 22,833 | 52,100 | 31,844 | 31,824 | 22,737 | 3,233 | 1,274 | 438 | 166,288 | 292 |
| | % | 13.7 | 31.3 | 19.2 | 19.1 | 13.1 | 1.9 | 0.8 | 0.3 | 100 | 0.2 |
| 合　計 | 戸 | 22.834 | 52,103 | 31,847 | 31,844 | 22,825 | 3,373 | 2,036 | 3,293 | 170,155 | 292 |
| | % | 13.4 | 30.6 | 18.7 | 18.7 | 13.4 | 2.0 | 1.2 | 1.9 | 100 | 0.2 |

注　資料は表2と同じ

## 表 5　1926 ～ 36 年までの購入者の所有と経営規模

| | | 所有権取得「前」の所有耕地面積別戸数 | | | | | | | | | 所有権取得後の営耕地面積別戸数 | | | | | | | | |
|---|---|---|---|---|---|---|---|---|---|---|---|---|---|---|---|---|---|---|---|
| | | なし | ～10a | 10～30 | 30～50 | 50a～1ha | 1～1.5 | 1.5～3 | 3ha～ | 合計 | なし | ～10a | 10～30 | 30～50 | 50a～1ha | 1～1.5 | 1.5～3 | 3ha～ | 合計 |
| 北海道 | 戸 | 3,432 | 5 | 21 | 23 | 50 | 37 | 93 | 311 | 3,972 | 3 | 0 | 0 | 2 | 13 | 40 | 394 | 3,520 | 3,972 |
| | % | 86.4 | 0.1 | 0.5 | 0.6 | 1.3 | 0.9 | 2.3 | 7.8 | 100 | 0.05 | － | － | 0.05 | 0.3 | 1.0 | 9.9 | 88.6 | 100 |
| 東北 | 戸 | 5,513 | 2,222 | 2,636 | 1,713 | 1,854 | 347 | 126 | 16 | 14,427 | 2 | 4 | 23 | 196 | 3,701 | 4,243 | 5,331 | 926 | 14,426 |
| | % | 38.2 | 15.4 | 18.3 | 11.9 | 12.9 | 2.4 | 0.9 | 0.1 | 100 | 0.01 | 0.03 | 0.2 | 1.4 | 25.7 | 29.4 | 37.0 | 2.7 | 100 |
| 関東 | 戸 | 8,239 | 3,542 | 4,744 | 2,721 | 2,277 | 170 | 34 | － | 21,727 | 18 | 17 | 175 | 858 | 9,179 | 6,373 | 4,718 | 390 | 21,728 |
| | % | 37.9 | 16.3 | 21.8 | 12.5 | 10.5 | 0.9 | 0.2 | － | 100 | 0.08 | 0.08 | 0.8 | 39 | 42.2 | 29.3 | 21.7 | 1.8 | 100 |
| 北陸 | 戸 | 3,049 | 2,525 | 2,182 | 1,784 | 1,637 | 177 | 83 | 8 | 11,445 | 1 | 6 | 56 | 500 | 4,156 | 3,686 | 3,599 | 141 | 12,145 |
| | % | 30.3 | 25.1 | 7.8 | 17.8 | 16.3 | 1.8 | 0.8 | 0.08 | 100 | 0.008 | 0.05 | 0.5 | 4.1 | 34.2 | 30.3 | 29.6 | 1.2 | 100 |
| 東山 | 戸 | 4,055 | 1,667 | 2,619 | 1,408 | 1,083 | 106 | 19 | 5 | 10,962 | 4 | 19 | 186 | 931 | 6,577 | 2,545 | 689 | 11 | 10,962 |
| | % | 37.0 | 15.2 | 23.9 | 12.8 | 9.9 | 1.0 | 0.2 | 0.05 | 100 | 0.04 | 0.2 | 1.7 | 8.5 | 60.0 | 23.2 | 6.3 | 0.1 | 100 |
| 東海 | 戸 | 7,069 | 3,948 | 6,385 | 3,657 | 2,752 | 125 | 32 | 10 | 23,978 | 25 | 25 | 474 | 2,043 | 12,592 | 6,104 | 2,631 | 84 | 23,978 |
| | % | 29.4 | 16.5 | 26.6 | 15.3 | 11.5 | 0.5 | 0.1 | 0.04 | 100 | 0.1 | 0.1 | 2.0 | 8.5 | 52.5 | 25.5 | 11.0 | 0.4 | 100 |
| 近畿 | 戸 | 9,107 | 4,837 | 7,328 | 3,797 | 2,410 | 43 | 8 | 3 | 27,533 | 7 | 30 | 468 | 3,123 | 19,114 | 4,095 | 689 | 7 | 27,533 |
| | % | 33.1 | 17.6 | 26.6 | 13.8 | 8.8 | 0.2 | 0.03 | 0.01 | 100 | 0.03 | 0.1 | 1.7 | 11.3 | 69.4 | 14.9 | 2.5 | 0.03 | 100 |
| 中国 | 戸 | 5,587 | 3,008 | 4,563 | 2,963 | 2,115 | 62 | 18 | 11 | 18,327 | 18 | 8 | 169 | 2,022 | 9,476 | 4,992 | 1,558 | 84 | 18,327 |
| | % | 30.5 | 16.4 | 24.9 | 16.2 | 11.5 | 0.3 | 0.1 | 0.06 | 100 | 0.1 | 0.04 | 0.9 | 11.0 | 51.7 | 27.2 | 8.5 | 0.5 | 100 |
| 四国 | 戸 | 4,833 | 1,877 | 2,988 | 1,577 | 600 | 57 | 7 | 3 | 11,942 | － | 5 | 56 | 836 | 8,351 | 2,039 | 631 | 24 | 11,942 |
| | % | 40.5 | 15.7 | 25.0 | 13.2 | 5.0 | 0.5 | 0.06 | 0.03 | 100 | － | 0.04 | 0.5 | 7.0 | 70.0 | 17.1 | 5.3 | 0.2 | 100 |
| 九州 | 戸 | 7,700 | 3,383 | 5,875 | 4,272 | 3,710 | 400 | 85 | 9 | 25,434 | 22 | 18 | 186 | 869 | 11,980 | 7,520 | 4,559 | 280 | 25,434 |
| | % | 30.3 | 13.3 | 23.1 | 16.8 | 14.6 | 1.6 | 0.3 | 0.04 | 100 | 0.09 | 0.07 | 0.7 | 3.4 | 47.1 | 29.6 | 17.9 | 1.1 | 100 |
| 都府県計 | 戸 | 55,152 | 27,009 | 37,923 | 23,892 | 18,438 | 1,487 | 412 | 65 | 164,328 | 97 | 132 | 1,793 | 11,378 | 85,126 | 41,597 | 24,405 | 1,947 | 166,475 |
| | % | 33.6 | 16.4 | 23.1 | 14.5 | 11.2 | 0.9 | 0.3 | 0.04 | 100 | 0.06 | 0.08 | 1.1 | 6.8 | 51.1 | 25.0 | 14.7 | 1.2 | 100 |
| 合計 | 戸 | 58,584 | 27,014 | 37,944 | 23,915 | 18,488 | 1,524 | 505 | 376 | 168,350 | 100 | 132 | 1,793 | 11,380 | 85,139 | 41,637 | 24,799 | 5,467 | 170,440 |
| | % | 34.8 | 16.0 | 22.5 | 14.2 | 11.0 | 0.9 | 0.3 | 0.2 | 100 | 0.06 | 0.08 | 1.1 | 6.7 | 50.0 | 24.4 | 14.5 | 3.2 | 100 |

注　1.　資料は表 2 と同じ
　　2.　購入前の戸数合計と購入後の戸数合計とは、原資料において一致していない。

映でもあろう

小作地耕作農民が同政策を通じていかほどの耕地の所有権を得たかを示したのが、**表4**である。全体としては、一〇〜三〇aの所有権を得るものが多く（三〇％余）、二〇〜三〇a、三〇〜五〇aが、また、一〇a以内、五〇a〜一haがそれに次いでいる。

地区別には、北海道の三ha以上取得（七四％余）は別とし、東北は五〇a〜一ha規模を取得したものがもっとも多く（四〇％余）、他の地区は一〇〜二〇aの零細規模が多く、とくに近畿はそれが四五％余を占め、東北と対象的な形態を示している。

このように「創設政策」によって農民が得た農地所有権の規模は、都府県においては、東北を除いて概して零細規模であり、これには地区別（あるいは東日本・西日本）に大きい差異はない。

こうして所有権を得た農民は、どのような階層であるか、それが所有権取得後にどのように変化したかを、**表5**によってみよう。

所有権取得農民の約三五％は、完全な小作農民であったことがわかる（所有権取得「前」の耕地所有が「なし」）。また、五〇a以下（「なし」を除く）の所有規模であったのが五〇％をこえていることから、全体として極零細農地所有者が同事業によって所有権を得ていることになる。地区別には、北海道が「なし」層が圧倒的に多く、他はとくに大きい差異はないが。東北・北陸が他地区に比してわずかながら所有規模の大きい層が所有権を取得する比重が大きいように見受けられる。これら農民が所有権取得「後」にどのような所有階層に変化したか。全体としては五〇a〜一ha規模の所有者になったものが多く（五〇％）、ついで一ha～一・五ha規模となっており、五〇a以下の所有者はごくわずかになっていることが特徴といえよう。地区別には、北海道で大半（八八％余）が三ha以上所有者となり、所有権取得前と対照的な結果となっている。東北・北陸・関東は一・五～三ha層の土地所有者になったものの比重が他地区より多いことが目立つ以外に、地区間の差異はあまり認められない。

こうして完全なる小作および小自作農民が零細ながらも農地所有権を得たが、これらの過程でいかなる事態が生じたかを、当時の記録[③]からみておこう。それは、当時の耕作権確立運動の高揚を通じて発現しかけていた農業危機に対して、農民に土地所有権を付与することによって、その危機の発現回避に成功する支配層（寄生地主・独占資本主義）の対応が示されている。

大阪府主任官の報告＝「……小作争議ノ本事業ニヨリ解決サレタルモノ多ク例ヘバ南河内郡大草村ニ於テハ村全部小作人ニシテ土地ハ一人ノ大地主ニヨリ所有サレ居リ、地主ハ之ヲ土地会社ニ売却シ、会社ハ小作人ノ立退ヲ命ジ、ゴルフ場其他文化施設ヲ為サントセシニ小作人ハ大イニ狼狽シ暴行ヲナシ、裁判所及府庁ニ陳情セリ、……其ノ解決ハ会社ニ当該土地ノ一部ヲ与ヘ大部分ノ土地ハ小作人ニ低利資金ノ貸付ニ依テ之ヲ買収セシムルコトトシタリ……自作農トナリタル小作人ハ農産物ノ販路ヲ得現在ニテハ共存共栄ニテ当時ノ小作人ハ非常ニ本施設ニ感謝シツツアリ、爾後全府二二〇ケ町村中六五ケ町村ニ之ヲ施設シ小作争議解決ノ多大ノ寄与ヲナシタリ、……地主及小作人殊ニ小作組合ノ本施設ニ対スル態度ニ付テハ地主、小作人共本事業ヲ歓迎ス、農民組合ハ当初反対シタルモ現在ハ賛成ス、農民組合会長ハ泉南郡熊取村ニ存在スル彼ハ自ラ資金ヲ借入レ全村ヲ自作農ニ向上セシムルコトニ尽力シツツアリ……北河内郡山田村ニ於テモ小作争議激烈ナリシモ前同様全国農民組合ノ執行委員自ラ本施設ニ依リ自作地ヲ取得シ他ニモ之ヲ奨励シツツアリ、地主ハ元ヨリ自己ノ小作人ニ売却シ現金ヲ得ルニヨリ又当然歓迎ス」

徳島県主任官の報告＝「吉野川沿岸二三ヶ所三八〇町歩ノ永小作地アリ大正十三年頃一八〇町歩ハ小作人ニ売却セラレ大正十四年二〇〇町歩ハ永小作人ヨリ土地分割ノ調停申立ヲナシ十五年ニハ一括譲渡ヲ希望スル調停ニ変更セリ地主ハ土地ヲ手放スコトヲ好マザリシ為之ニ応ゼズ、調停ヲ重ネルコト一一回ニシテ漸ク一七町歩ヲ残ス外大部分ノ土地ヲ譲渡スルコトヽナリ、自作農資金ヲ貸付クルコトニ依ッテ問題ノ解決ヲ計リ得タリ小作人ハ父祖数百年余ノ小作地ヲ購入シタル為感謝シ調査官ノ銅像建設ノ議サヘアリタリ而シテ反六〇〇円ノ価格ナルヲ其ノ四割二四〇円ニテ売買セラレタルヲ以テ現在ノ不況時に際シテモ農産物価下落ノミニテ償還ニ困難ナキ筈ナリ……本県ニ於テハ小作調停ニ依ル自作農地購入ニ対シテハ資金ヲ優先的ニ貸付ケツヽアリ、……那賀郡ニ於テハ両三年前ヨリ組合幹部ニ数反ノ土地ヲ特ニ安ク売却シ自作農トナシタル為小作問題緩和傾向アリ之組合運動ニ依ッテ地主ノ土地返還要求ニ打勝ツコト困難ナル実情ニ在ルコトニモ基因スルモノナルベシ」

栃木県主任官の報告＝小作組合ハ施設ニ反対シ滞納等ハ支払ヒノ要ナシト宣伝セルコトアルモ現在ハ斯ルコト殆ンドナシ尚足利郡三和村、河内郡横川村（農民組合連合会長出身地）ノ農民組合ノ如キハ本施設ノ実行ニ依ッテ組合ヲ解散セリ」

### 表６　土地売渡者階級別購入耕作者数

| | 購入耕作者数 | | | | | | 割合（%） | | | | | |
|---|---|---|---|---|---|---|---|---|---|---|---|---|
| | 主より購入したもの所有地一ha未満の地 | 1〜3ha | 3〜5 | 5〜10 | 10〜 | 計 | 主より購入したもの所有地一ha未満の地 | 1〜3ha | 3〜5 | 5〜10 | 10〜 | 計 |
| 1926年 | 1,526 | 2,679 | 1,320 | 1,263 | 3,133 | 9,921 | 15.4 | 27.0 | 13.3 | 12.7 | 31.6 | 100 |
| 27 | 1,990 | 3,454 | 1,927 | 1,787 | 3,665 | 12,823 | 15.5 | 26.9 | 15.0 | 13.9 | 28.6 | 100 |
| 28 | 2,223 | 4,073 | 2,149 | 1,841 | 3,867 | 14,153 | 15.7 | 28.8 | 15.2 | 13.0 | 27.3 | 100 |
| 29 | 2,394 | 4,719 | 2,375 | 2,273 | 4,492 | 16,253 | 14.7 | 29.0 | 14.6 | 14.0 | 27.6 | 100 |
| 30 | 3,070 | 5,180 | 2,603 | 2,447 | 4,212 | 17,512 | 17.5 | 29.6 | 14.9 | 14.0 | 24.1 | 100 |
| 31 | 3,354 | 4,836 | 2,245 | 2,294 | 2,893 | 15,622 | 21.7 | 31.0 | 14.4 | 14.7 | 18.5 | 100 |
| 32 | 3,067 | 5,043 | 2,112 | 2,015 | 3,474 | 15,711 | 19.5 | 32.1 | 13.4 | 12.8 | 22.1 | 100 |
| 33 | 3,041 | 4,940 | 1,159 | 2,125 | 3,316 | 15,581 | 19.5 | 31.7 | 13.9 | 13.6 | 21.3 | 100 |
| 34 | 3,350 | 4,798 | 1,974 | 2,030 | 4,227 | 16,379 | 20.5 | 29.3 | 12.1 | 12.4 | 25.8 | 100 |
| 35 | 3,490 | 4,604 | 2,306 | 2,191 | 4,239 | 16,830 | 20.7 | 27.4 | 13.7 | 13.0 | 25.2 | 100 |

資料　簡易保険局「耕作者ニ対スル年度別貸付状況」（昭13.2）より（雄松堂『土地経済資料』R9所収）

山梨県主任官の報告＝「地主ニテ土地ヲ買収スル者ナク、且ツ耕作権確立シ土地ハ其ノ小作人以外ニハ売却ノ途ナキヲ以テ地主モ亦本施設ヲ希望ス、農民組合幹部中ニモ自己又ハ親類ノ為ニ本資金ヲ借入レタルモノ或ハ申請中ノモノ相当多シ」

これらの報告は、当時の地主・小作農民双方の土地所有への対応を赤裸々に描き出しているといえよう。地主は、土地所有権を放棄して他の経済的基盤に移行することを企図したり（大坂の例）、あるいは土地所有権をあくまでも固守しようとする（徳島の例）などがみられる一方、小作農民は、永小作権を得ていながらも所有権取得を熱望したり（徳島の例）、農民組合幹部が率先して自ら所有権を獲得し、さらに組合解散にまで導く（各地の例）など、所有権取得への並々ならない熱意が示されている。これら小作農民が当時の日農が示していた耕作権確立の方針をいかように受け止めていたかが、土地闘争をめぐる歴史の展開過程を知るうえで極めて興味深いことがらである。ともあれ、同政策の一期においては、農民への土地所有権付与を通じて、支配層が意図した小作争議鎮静は着々と効果をあげてきたことは疑念の余地はない。

次に、土地所有権の一部を小作農民に売り渡した地主が、どのような階層であったかを、まず**表6**、**7**によってみよう。

**表6**は、小作農民層がいかなる土地所有規模地主から所有権を取得したかをみたものである。初期には一〇ha以上地主からの購入者が三〇％前後を占めていたが、次第に一～三ha地主からの購入者が増加してくる。しかし総じて一〇ha以下の地主からの購入者が多く（七〇～七五％）、零細地主が自作農創設に応じていることがわかる。

**表7**は、一期における売却地主の階層を地区別にみたものである。全体としては**表6**でみたように一〇ha以下の地主が圧倒的に多いが、売却面積全体では一〇ha移譲地主が大きい比重を占め、一地主当たり売却面積も一〇ha移譲地主が大規模に手放している。地区別には次のような特徴がみられる。

売却した地主数は九州・近畿・関東がとくに多く、次いで東海・中国で、総じて西日本の地主が同政策に対応する比重が大きい。また、東山を含めた西日本では、総じて三～一ha地主と一ha以下地主に売却が多く、北陸を含む東日本では、三～一〇ha地主と一〇ha以上地主に多い（九州は東日本のタイプに入る）。

表7　1926～36年の売却地主の売却前の所有面積別売却状況

| 売却前の所有面積別 | | | 北海道 | 東北 | 関東 | 北陸 | 東山 | 東海 | 近畿 | 中国 | 四国 | 九州 | 都府県 | 全国 |
|---|---|---|---|---|---|---|---|---|---|---|---|---|---|---|
| 実数 | 10ha以上 | 地主数 | 1,030 | 2,317 | 2,815 | 919 | 620 | 1,341 | 1,000 | 1,291 | 937 | 2,626 | 13,866 | 14,896 |
| | | 売却面積(ha) | 19,968 | 4,520 | 2,458 | 1,793 | 929 | 2,072 | 612 | 1,716 | 783 | 2,141 | 17,030 | 36,998 |
| | | 一地主当売却面積(ha) | 19.4 | 1.9 | 0.9 | 1.9 | 1.5 | 1.5 | 0.6 | 1.3 | 0.8 | 0.8 | 1.2 | 2.5 |
| | 10～3ha | 地主数 | 550 | 3,896 | 5,895 | 1,848 | 1,707 | 2,860 | 3,556 | 3,033 | 1,714 | 5,830 | 30,339 | 30,889 |
| | | 売却面積(ha) | 2,591 | 2,669 | 2,633 | 976 | 754 | 1,161 | 1,275 | 1,511 | 730 | 2,659 | 14,372 | 16,964 |
| | | 一地主当売却面積(ha) | 4.7 | 0.7 | 0.4 | 0.5 | 0.4 | 0.4 | 0.3 | 0.5 | 9.4 | 0.4 | 0.4 | 0.5 |
| | 3～1ha | 地主数 | 61 | 2,774 | 6,300 | 2,619 | 2,636 | 5,379 | 8,207 | 4,968 | 3,036 | 7,854 | 43,773 | 43,834 |
| | | 売却面積(ha) | 127 | 1,642 | 2,000 | 898 | 771 | 1,465 | 2,102 | 1,743 | 916 | 2,571 | 14,111 | 14,238 |
| | | 一地主当売却面積(ha) | 2.1 | 0.6 | 0.3 | 0.3 | 0.3 | 0.2 | 0.2 | 0.3 | 0.3 | 0.3 | 0.3 | 0.3 |
| | 1ha以下 | 地主数 | 8 | 1,122 | 4,728 | 1,861 | 1,825 | 5,250 | 7,086 | 4,318 | 2,733 | 4,594 | 33,557 | 33,565 |
| | | 売却面積(ha) | 3.3 | 476 | 1,066 | 477 | 432 | 1,041 | 1,343 | 1.058 | 611 | 1,201 | 7,710 | 7,713 |
| | | 一地主当売却面積(ha) | 0.4 | 0.4 | 0.2 | 0.2 | 0.2 | 0.2 | 0.2 | 0.2 | 0.3 | 0.3 | 0.2 | 0.2 |
| 地主数割合Ⅰ(%) | 10ha以上 | | 62.6 | 22.9 | 14.3 | 12.7 | 9.1 | 9.0 | 5.0 | 9.5 | 11.1 | 12.6 | 11.4 | 23.0 |
| | 10～3ha | | 33.4 | 38.5 | 29.9 | 25.5 | 25.1 | 19.3 | 17.9 | 22.3 | 20.3 | 27.6 | 25.0 | 25.1 |
| | 3～1ha | | 3.5 | 27.4 | 31.9 | 36.1 | 38.9 | 36.3 | 41.4 | 36.5 | 35.9 | 37.6 | 36.0 | 35.6 |
| | 1ha以下 | | 0.5 | 11.1 | 23.9 | 25.7 | 26.9 | 35.4 | 35.7 | 31.7 | 32.7 | 21.9 | 27.6 | 27.2 |
| | 合計 | | 100 | 100 | 100 | 100 | 100 | 100 | 100 | 100 | 100 | 100 | 100 | 100 |
| 地主数割合Ⅱ(%) | 10ha以上 | | 6.9 | 15.6 | 18.9 | 6.2 | 4.2 | 9.0 | 6.7 | 8.6 | 6.3 | 17.6 | (93.1) | 100 |
| | 10～3ha | | 1.8 | 12.6 | 19.1 | 5.9 | 5.5 | 9.3 | 11.5 | 9.8 | 5.5 | 18.9 | (98.2) | 100 |
| | 3～1ha | | 0.1 | 6.3 | 14.4 | 6.0 | 6.0 | 12.3 | 18.7 | 11.3 | 6.9 | 17.9 | (99.9) | 100 |
| | 1ha以下 | | 0.0 | 3.3 | 14.1 | 5.5 | 5.4 | 15.6 | 21.1 | 12.9 | 8.3 | 13.7 | (100) | 100 |
| | 合計 | | 1.3 | 8.2 | 16.0 | 5.9 | 5.5 | 12.0 | 16.1 | 11.1 | 6.9 | 17.0 | (98.7) | 100 |

注　1.　資料は表2と同じ。
　　2.　面積は10a以下を捨てたので面積合計は一致しない。

このように一期においては、一〇ha以下の零細地主が「創設政策」に応じる比重が大きいことがわかるのであるが、行政的指導ではいかような地主階層を主な対象にしていたかを当時の記録[4]からみておこう。

長野県主任官の質問＝「……本施設ヲ利用スルヲ必要トスルモノト考フル所ナルモ、小地主方面ヨリ先ニ扱フカ、大地主ヨリ先ニ扱フベキヤ本省ノ御考ヘヲ伺ヒ度シ」

農林省坂田技官の説明＝「小地主ヲ先ニスルカ、大地主ヲ先ニスルカハ問題ナリ寧ロ小地主ヲ先ニスル方ガ良カラント言フ説アリ即チ小地主ハ小作関係複雑ナル故小地主ノ土地ヲ処分シ、自作農トスルヲ可トスベシト、然シ小地主ヲ減少シ自小作農及小作人ヲ多クシ、大地主ト多クノ小作人ヲ残スコトハ農村ノ構成上不可ナラン、尤モ小地主ニシテ他村、又ハ都会ニ住居シ居ル者ノ土地ヲ自作農者ニ取得セシムルコトハ可、即チ不耕作地主ヲ大・中・小ニ区別スレバ小地主ノ分ヨリ買ハシムル方針ヲ可トス、不在地主モ同様ナリ、然シ実際問題トシテハ大地主・小地主何レヨリスルモ可ナリ、要ハ自作農タラン者ノ資格、条件、土地ノ価格ニヨリ定メテ差支ナシ」

坂田技官の説明では、いかなる階層の地主を主な対象にするかよりも、所有権取得希望者の条件がより重要だとしながらも、不耕作・不在地主の場合には、小地主から手をつけるべき、としている。つまりこれは、当時の地主の状況からして、小地主から同事業の対象にせざるをえない誘導を行っているとみてさしつかえないであろう。

さて、一期における土地所有権の取得者と売却者の階層性を、およそ以上の如くつかんだうえで、次に取得者が取得後においていかなる経済的負担をせざるをえなかったかについてみよう。

昭和恐慌は、米価をはじめ農産物価の下落（米価は、一九二五年は石当たり三七円八六銭だったが、一九三〇年二五円六〇銭、三一年一八円四七銭）が激しく、自作農創設資金借入農家は、その返済に非常な困難に直面した。これに対して政府は、資金償還緩和対策を実施し、一年間の延納措置にふみきった。当時の調査では、一九二六〜三一年度に貸し付けられた資金約八千万円のうち中間据置の対象に認められたものはおよそ五八〇〇万円にのぼった。* さらに一九三四年（昭和九年）、東北を中心に襲った大冷害の影響に対しても同様の措置がとられたのであった。恐慌および冷害は、自作農たらんと欲した農民に深刻な影響を及ぼしたのである。

＊ 延納金額が三割以上に及んだ県＝北海道・山形・福島・茨城・新潟・石川・山梨・長野・熊本・宮崎、一割五分以上に及んだ県＝青森・埼玉・愛知・大阪・広島・徳島・大分、謹少な県＝富山・福井・岐阜・静岡・三重・滋賀・京都・兵庫・奈良・島根・岡山・香川・愛媛・佐賀・長崎・沖縄、他の府県は一〜三割になる（「自作農創設維持資金、昭和七年度ニ於ケル償還状況」昭和七年、雄松堂『土地経済資料』R8所収）

ところで、借入資金によって所有権を得た農民が、償還金返済にいかなる対応を示したかをみよう。まず、農林省調査（一九三七年）により、償還金額と、小作を継続した場合との農家負担の比較をみておこう（**表8**）。詳細については省くが、昭和恐慌期を通じて米価・地価の急落が、これら農家負担にどう響いたかが本表に示されており、恐慌期以前（米価・地価が高水準期）に創設したものは、恐慌期にも購入地の償還金が小作料負担を大きく上回り、創設年次による差異はあるものの、総じて、小作を継続した方が償還金負担より軽いということがわかる。

そこで、償還金返済のために、また所有権取得による所有権維持のために、創設農民が経営・生活上、いかなる対応を示したかを、当時の記録[5]によって若干の事例をみておこう。

山形県飽海郡上郷村大字山寺の例＝資金借入者に協力シテ自作農施設ノ趣旨ヲ達成スルタメニ昭和二年末自作農組合（借入者ノ組合）ヲ作リ、組合長ノ指導ノ下ニ貯金ノ励行・農業経営ノ改善・償還金ノ確保等ヲ実行シテイル、昭和四年二月ノ総会ニハ左ノ事業ノ実施ヲ決議シタ　一、本年度借入金償還ノ準備ニ関スル件　二、農業ノ組織経営ノ研究ニ関スル件　三、償還金ノ準備蓄積計画ニ関スル件　四、自作農地ノ稲作品評会並ニ批評会開催ノ件、就中、三ノ計画ハ他ニ余リ類ヲミナイコトテアッテ原文ノママ掲ケレバ〝無産者カ自作農創設資金ニヨリ田六反歩ヲ買入レ反当六五〇円計三、九〇〇円ヲ借入レタルモノト仮定シ此毎年償還金二四二円八七銭トシテ、二〇円＝組合経営ニヨル消費経済ノ一ケ年利益　三〇円＝有畜農業経営ニヨル金肥ノ節約（一反五円トシテ六反分ノ節約）二〇

## 表8　自作農創設における負担と、小作を継続した場合の負担との比較

| | | 地価の高い地方 | | | 地価の低い地方 | | | 地価の普通の地方 | | |
|---|---|---|---|---|---|---|---|---|---|---|
| | | (A) 購入地反当負担 | (B) 小作を維持すると仮定した場合の反当負担 | A/B | (A) 購入地反当負担 | (B) 小作を維持すると仮定した場合の反当負担 | A/B | (A) 購入地反当負担 | (B) 小作を維持すると仮定した場合の反当負担 | A/B |
| | | (円) | (円) | (%) | (円) | (円) | (%) | (円) | (円) | (%) |
| Ⅰ 1926～30年度創設者の創設翌年度における負担 | 1926年度創設のもの | 41.12 | 46.53 | 88 | 22.04 | 29.17 | 76 | 31.92 | 37.77 | 85 |
| | 27　〃 | 40.38 | 43.15 | 94 | 20.65 | 26.01 | 79 | 30.90 | 34.25 | 90 |
| | 28　〃 | 39.64 | 39.63 | 100 | 21.16 | 24.25 | 87 | 30.56 | 32.37 | 94 |
| | 79　〃 | 39.07 | 34.15 | 114 | 20.34 | 20.42 | 100 | 30.40 | 27.77 | 108 |
| | 30　〃 | 36.48 | 28.52 | 128 | 17.81 | 16.63 | 107 | 27.87 | 22.69 | 123 |
| Ⅱ 1926～31年度創設者の1931年度における負担 | 1926年度創設のもの | 40.15 | 27.28 | 147 | 21.43 | 17.35 | 124 | 31.05 | 22.06 | 141 |
| | 27　〃 | 39.24 | 27.49 | 143 | 20.21 | 16.70 | 121 | 29.90 | 21.83 | 137 |
| | 28　〃 | 38.51 | 26.75 | 144 | 20.45 | 16.26 | 126 | 29.62 | 21.84 | 136 |
| | 29　〃 | 38.14 | 27.55 | 138 | 19.87 | 16.22 | 125 | 29.76 | 21.86 | 136 |
| | 30　〃 | 36.48 | 28.52 | 128 | 17.81 | 16.63 | 107 | 27.87 | 22.69 | 123 |
| | 31　〃 | 32.24 | 28.13 | 115 | 16.36 | 17.23 | 95 | 24.83 | 22.87 | 109 |

注　1. 資料「自作農地ノ年賦金及公租公課ノ反当負担ト小作ヲ継続スルモノト仮定スル場合ノ反当負担トノ比較」(S7.5調査)(雄松堂『土地経済資料』R8所収)
　　2. 土地の標準価格算出に用いた現物小作料換算米価および各都道府県の創設土地反当購入平均価格は次のとおり。

〈150 kg当たり米価〉

| | 普通 | 最高 | 最低 |
|---|---|---|---|
| | (円) | (円) | (円) |
| 1926年 | 35 | 38 | 30 |
| 27 | 34 | 37 | 28 |
| 28 | 34 | 37 | 28 |
| 29 | 32 | 36 | 27 |
| 30 | 30 | 34 | 25 |

〈創設土地10a当たり平均価格〉

| | 田 | 畑 |
|---|---|---|
| | (円) | (円) |
| 1926年 | 426 | 231 |
| 27 | 408 | 214 |
| 28 | 403 | 208 |
| 29 | 394 | 196 |
| 30 | 355 | 188 |

円＝副業ニヨル収入　五四円＝稲作ノ研究ニヨル増収（反当三斗・六反一石八斗・石当三〇円）合計七一四円〃

自作農資金借入者ハ八人ノ僅少テアルカ気風ニ及ホシタル影響ハ相当見ルヘキモノカアッテ借入人ハ之ヲ機会ニ禁酒会員トナリ且ツ禁酒断行ヲ他ニ慫慂シテ居ル有様テ部落ノ酒ノ消費量ハ従来ニ比シ年約三石ノ減少ヲ示シテイル……」（傍点引用者）

宮城県登米郡錦織村の事例＝「……本村ニハ未タ経済更生計画ナキモ前記ノ如ク三四名ノ本資金借受者ハ村内ニ普遍的ニ散在シ今ヤ全村民ノ注視ノ的トナリ、借受者モ亦本事業ノ趣旨ヲ良ク自覚自奮シ農事ノ改良ニ一層ノ努力ヲ致シ一般農民ト凡テノ場合ニ競技競作シ来ルナリ　①借受者及家族ハ其ノ労働ノ結果カ悉ク自己ニ帰スルカ故ニ一層勤勉精励スルニ至リタルコト　②農業経営ニ対スル注意ハ従来ニ比シ遙カニ周到トナリ経営ノ改善ニ努ムルコト一般農業者ニ比シ生活ノ簡素ナルコト等勤倹力行ノ跡顕著ナルモノアリ……」（傍点引用者）

秋田県平鹿郡里見村の「自作創定農家心得」＝「里見村自作農創定農家ハ克ク其ノ趣旨ヲ体シ家族一同ニ周知セシメ本村中堅農家タルヲ自覚シ以テ左ノ必行事項ヲ恪守励行スヘシ　①家族ノ健康保全ニ注意シ自労自作ノ精神ヲ忘レス勤勉力行農業ニ従事スルコト　③凶作劣作其ノ他米価低落等ニ因リ支払困難ヲ来ス年柄ノコト常ニ覚悟ヲナシ之カ支払準備トシテ創定反別反当金三円乃至五円宛積立ヲナスコト　⑩生計改善ノ為左記事項ヲ特ニ考究実行スルコト　⑴朝起・朝仕事ハ経済上有利ナルノミナラズ健康上重要ナル行事ナレバソノ時間ヲ励行スルコト　⑵日常ノ食事ハ一汁一菜ニ改メ食事ヲ簡

易ナラシムルコト　(4)日常ノ諸雑費ハ田作収入以外ノ別途収入ヲ以テ充当スル様家計ヲ樹立スルコト……」（傍点引用者）

各地の事例についてはまだ多くの記録があるが、これら数例によっても、所有権取得者が借入金返済のため家計をきりつめ刻苦精励し、肉体的最低限に労働力再生産費を落としてまでも完納に努力した様子をうかがうことができよう。

全国的一般的動向としては「年賦金ノ積立方法ハ地方ノ事情即チ養蚕地、米作地、蔬菜地等ニ応シテ現物又ハ現金ヲ年一回乃至数回或ハ各月等ニ一定ノ割合ヲ以テ組合（いわゆる創設自作農組合―引用者）ニ納入セシメ之ヲ各個人名義ノ貯金等ト為シ置キ償還期日ニ至リ組合長ノ手ニ依リテ一括納入スルヲ普通トス、又従来ノ小作料米ヲ其ノ儘積立テテ年賦金ニ充テ残余アル場合ハ之ヲ備荒貯金トスルモノアリ」[4]（傍点引用者）という実態が報告されている。

一期は以上に述べたように、西日本の零細地主を中心とし、また純小作農民に比重をおきながら、土地の所有権売買が行われたが、恐慌を契機に農民の借入金返済が従来の小作料負担を上回るほどの比重となり、安定自作農の域に達するにはほど遠い状況が一般的であったといえる。そして一方、激化していた小作争議は同事業を通じて地域ごとに着実に鎮静化され、政策効果の実はあがったといえよう。

## 2　第二期および第三期

第二期・三期は本質的に同様の性格をもつので、一括してその結果を考察しよう（**表9、表10**）。

第二期・三期は前述したとおり、戦時食糧確保という、一期とは異なった質が政策の中心にすわってくるのであり、そのため同政策の内容も、未墾地を新たな対象とするとともに、団体（県・市町村等）による既・未墾地の購入・開発をとおして自作農を創定し、さらに「支那」事変による出征兵士留守家族で耕作困難な農地を能力ある農家に耕作せしめる（農地調整法による）など、著しく戦時食糧増産遂行を前面に位置づけたものになる。

ところで、こうした政策意図の下に行われた二期の政策結果は、いぜんとして一期の事実上の延長たる個人既墾地の自作農創設が戸数・面積とも大半を占めていることがわかる（**表9**）。ただ、個人未墾地開発自作農創設が、戸数で一万六千余戸、三八〇〇余haを示しており、一期にはなかった新たな〝成果〟の目立つ唯一のものといってよかろう。団体による既墾地購入実績は（一九三七～一九四一年計）約一八五〇ha（田畑計）で創設予定戸数は二五四三戸だが、これを個人に売却・創設した実績は、二二六ha（購入面積実績の一二％余）、創設戸数は五四〇戸（創定予定戸数の二一％）にすぎず、団体による未墾地開発実績は一七九〇余haだが、これを個人に売却・創設した面積は一二〇余ha（開発面積実績の六・七％、創設戸数二六八戸）にすぎない[⑥]。

地区別の創設戸数割合は、個人既墾地については一期と比較して、東海・近畿・九州など西日本の

## 表9　第2期の結果概要（1937～42年）

| | | 北海道 | 東北 | 関東 | 北陸 | 東山 | 東海 | 近畿 | 中国 | 四国 | 九州 | 都府県計 | 全国計 |
|---|---|---|---|---|---|---|---|---|---|---|---|---|---|
| 個人既墾地自作農創設 | 戸　数 | 7,317 | 9,250 | 6,611 | 5,761 | 5,787 | 7,568 | 9,522 | 12,376 | 5,269 | 10.007 | 72,151 | 79,468 |
| | % | 9.2 | 11.6 | 8.3 | 7.2 | 7.2 | 9.5 | 12.0 | 15.6 | 6.6 | 12.6 | 91.8 | 100 |
| | 面積（ha） | 37,974.1 | 6,170.6 | 2,723.0 | 1,915.0 | 1,491.3 | 1,931.6 | 2,109.9 | 3,796.3 | 1,215.6 | 4,080.4 | 25,433.7 | 63,407.8 |
| | % | 59.9 | 9.7 | 4.3 | 3.0 | 2.4 | 3.0 | 3.3 | 6.0 | 1.9 | 6.4 | 40.1 | 100 |
| | 1戸当たり面積（10a） | 52.0 | 6.7 | 4.1 | 3.3 | 2.6 | 2.6 | 2.2 | 3.1 | 2.3 | 4.1 | 3.5 | 8.0 |
| 個人未墾地開発自作農創設 | 戸　数 | － | 1,526 | 1,684 | 1,205 | 712 | 2,563 | 1,589 | 2,778 | 1,917 | 2,705 | 16,679 | 16,679 |
| | % | － | 9.1 | 10.1 | 7.2 | 4.3 | 15.4 | 9.5 | 16.7 | 11.5 | 16.2 | 100 | 100 |
| | 面積（ha） | － | 548.8 | 425.1 | 2,290 | 169.2 | 498.2 | 283.2 | 433.2 | 388.2 | 898.9 | 3,873.8 | 3,873.8 |
| | % | － | 14.2 | 11.0 | 5.9 | 4.4 | 12.9 | 7.3 | 11.2 | 10.0 | 23.2 | 100 | 100 |
| | 1戸当たり面積（10a） | － | 3.6 | 2.5 | 19.0 | 2.4 | 1.9 | 1.8 | 1.6 | 2.0 | 3.3 | 2.3 | 2.3 |
| 「支那」事変出征記念自作農創設維持 | 戸　数 | 23 | 217 | 172 | 49 | 37 | 299 | 123 | 380 | 187 | 311 | 1,775 | 1,798 |
| | % | 1.3 | 12.1 | 9.6 | 2.7 | 2.1 | 16.5 | 6.8 | 21.3 | 10.4 | 17.3 | 98.7 | 100 |
| | 面積（ha） | 114.5 | 116.5 | 71.9 | 24.1 | 10.5 | 90.7 | 31.1 | 133.5 | 47.2 | 137.5 | 663.0 | 777.5 |
| | % | 14.7 | 15.0 | 9.2 | 3.1 | 1.4 | 11.7 | 4.0 | 17.2 | 6.1 | 17.7 | 85.3 | 100 |
| | 1戸当たり面積（10a） | 49.6 | 5.3 | 4.2 | 4.9 | 2.9 | 3.0 | 2.5 | 3.5 | 2.5 | 4.4 | 3.7 | 4.3 |
| 団体による既墾地の購入・創設 | 戸　数 | | | | | | | | | | | | 617 |
| | 面積（ha） | | | | | | | | | | | | 86.2 |
| 団体による未墾地開発・創設 | 戸　数 | | | | | | | | | | | | 313 |
| | 面積（ha） | | | | | | | | | | | | 129.0 |

注　1.　資料　表2-2と同じ
2.　1941年分については、次の各県が戦災で資料焼失。
東北＝山形、関東＝栃木・群馬・千葉、北陸＝富山・石川・福井、東山＝長野、東海＝岐阜・静岡・三重、近畿＝滋賀・奈良・和歌山、中国＝広島・山口、四国＝香川・福岡、九州＝佐賀・大分・沖縄
3.　団体による事業の数字は1941年が統計にないため、地区別数字を算出せずに、1941年を除く1937～42年の合計のみを示した。

## 表10　第3期の結果概要（1943～45年）

| | 北海道 | 東北 | 関東 | 北陸 | 東山 | 東海 | 近畿 | 中国 | 四国 | 九州 | 都府県 | 全国 |
|---|---|---|---|---|---|---|---|---|---|---|---|---|
| 創設面積（ha） | 43,405 | 14,839 | 7,365 | 11,363 | 4,066 | 6,256 | 4,806 | 10.465 | 2,648 | 7,338 | 69,146 | 112,551 |
| | 38.6 | 13.2 | 6.5 | 10.1 | 3.6 | 5.6 | 4.3 | 9.3 | 2.4 | 6.5 | 61.4 | 100 |
| 同上・戸数 | 8,040 | 25,912 | 29,806 | 39,774 | 15.218 | 28.404 | 24.466 | 35.161 | 16,678 | 23.404 | 238,823 | 246,863 |
| | 3.3 | 10.5 | 12.1 | 16.1 | 6.2 | 11.5 | 9.9 | 14.2 | 6.8 | 9.5 | 96.7 | 100 |
| 1戸当たり創設面積（10a） | 54.0 | 5.7 | 2.5 | 2.9 | 2.7 | 2.2 | 2.0 | 3.0 | 1.6 | 3.1 | 2.9 | 4.6 |

注　1.　資料は表2-2と同じ。
2.　三期の統計には、既墾地・未墾地・個人・団体・創設・維持・「出征兵士記念」等の内訳がないため合計数字のみを記した。
3.　1943年についてのみ、次の数字が示されている。個人未墾地開発創設＝34ha、95戸、団体既墾地購創設＝311ha、281戸、団体未墾地開発創設＝9ha、2戸（三期の内訳）

比重が低下して、北海道・東北など北日本での比重が増加している。個人未墾地開発創設は中国・九州・東海などが戸数の比重が大きい。「支那」事変出征兵士記念でも中国・九州・東海などが目立つ。三期については詳細な数字がないため、事業内容を一括してみることになるが（表10）、創設戸数では北陸・関東・東北など東日本で比重が大きく、西日本では中国が目立つ以外に他地区の比重は第一期・二期に比べて小さい。

個人・団体による未墾地開発創設実績は、統計がないため不明だが、表10の「注3」から推察できるように、その規模は二期と同様に、ごく小さいものといえよう。

第二期と三期を通じて付言しておかなければならないことは、未墾地開発による自作農創設に関してである。すでに述べたように、その実績にはみるべきものがないといえるが、他方、これらの時期にわが国における開墾による耕地面積増は、二期の時期において約一七万七〇〇〇ha、三期の時期に約五万haになる[⑥]。なお一期の時期は四六万haにのぼる。これらの大半は「創設政策」と直接のかかわりをもたないものだが、国営をはじめとする開墾事業によって耕地面積を増加させてきたのであって、これらの動向を背景として、戦時食糧増産に向け国家総動員法下において農民を精神的に総動員するうえで、開墾事業と自作農創設とを政策的に結合させたことに意味があったと理解されよう。

① 「第五回自作農創設維持主任官会議録」昭和九年十一月、雄松堂『土地経済資料』R９所収。
② 同右。

③「自作農創設維持事例、其ノ一」、雄松堂『土地経済資料』R８所収。
④「自作農地創設維持者ノ組織スル組合ニ関スル調査」、雄松堂『土地経済資料』R８所収。
⑤農地制度資料集成編纂委員会『農地制度資料集成』補完２御茶の水書房、一九七三年。
⑥『農林省統計表』各年次。

## 第五節　自作農創設政策の歴史的性格

「創設政策」の「創設」に焦点をしぼり、それと小作農民運動との関連で同政策の展開と結果をみてきた。これを簡潔に要約すれば、次のようになろう。

当時の土地問題の基軸としての、所有権と耕作権をめぐる激しい階級対抗を、上からの力で耕作権確立要求を圧殺し、それに代わるものとしてごく一部の農民に所有権を付与して、寄生地主的土地所有を保持するとともに、独占資本主義のファシズム体制下における対外侵略のため国内（農村）体制を構築することにある、というものである。

これをやや敷衍して、同政策の歴史的性格を明らかにしておこう。

くり返し触れた如く、当時の土地問題をめぐる基本的な階級対抗は、所有権と耕作権の対立であった。所有権はこの場合、絶対的な地主的土地所有を意味し、また耕作権は小作農民の生存権（Ｃ十

V）の確保〕を内容とする。この耕作権が確立することは、地主の絶対的所有権の基礎〔第三者への対抗権の無視・高率高額小作料〕が失われることを意味する故に、地主階級としては妥協を許されず、絶対的所有権保持にしがみついた。また、そうした地主の絶対的所有権を基礎に構築していた日本資本主義の低賃金構造は、戦時体制に移行するにつれて、独占資本にとっては一層不可欠なものとなり、地主的土地所有と独占資本との間の矛盾が深まりつつも、独占資本は地主的土地所有を否定し去ることができなかった。そしてさらに、寄生地主的土地所有にもとづく農村支配の反封建的性格〔思想〕は、絶対主義的天皇制を支える有力な主柱でもあり、それがファシズム体制下における侵略行動を背後から支援する思想的支柱であった。

こうしたことから、当時の土地問題をめぐる所有権保持の性格は、その基礎は寄生地主的土地所有保持をはらみつつ、同時に独占資本主義にとっての要求でもあり、さらにまた天皇制権力の支柱としての意義をもつといった、支配階級の基盤として極めて重要な意義をもったのである。

こうした意義をもつ絶対的所有権を基本的に揺るがす内容をもつ小作農民層の耕作権確立要求は、土地所有の社会化・国有化を展望するものとして登場し、ここに権力奪取闘争に転化しうる性格を内包した闘いが広範化してきた。

これに支配者が対応したものが「創設政策」である。地主の絶対的所有権のごく一部を小ブルジョア的所有権にすりかえ、これを耕作権との取引に最大限に利用することを通じて、農業危機――日本資本主義体制の危機発現を回避せんとし、それに成功したのである。「創設政策」が主として小地主を対象に行われたゆえんはここにある。ここに、地主の絶対的所有権を基本的に保持しつつ、わずかの小ブルジョア的所有権の農民への付与を通じて、農村の政治的安定勢力をファシズム思想との結合によって育成し、小作争議の右傾化・鎮静化を計ったのである。この意味で、危機化における農民の小ブルジョア的所有権が、いかに歴史の歯車を逆進せしめるかの歴史的教訓を示したのが「創設政策」であったということができよう。

ところで、ここで述べる小ブルジョア的所有権の意味は、農民が労働の成果を十全に取得する手段としての所有権（耕作権と所有権の融合一体化）としてではなく、労働の成果はいぜんとして高率高額小作料に匹敵するか、あるいはそれを上回る水準で収奪される（債還金として）が、周囲の農民は保持していない土地所有権を自分だけは新たに保持し得たという、労働にもとづく経済実態（Vの取得）をもたない所有権である。それ故にこれは、農民的土地所有とは規定し難い。こうした所有権を基礎に、国家政策に応えるため刻苦精励の労働に従事して食糧増産に邁進し、肉体的最低限にまできりつめた生計費倹約までも行いつつ、国家総動員体制に組みこまれる〝中堅・穏健〟な農民層が育成されていったのであった。

このような意味において同政策は、地主の絶対的所有権のごく一部を小ブルジョア的所有権にすりかえ、それを耕作権に代置させたのである。つまり、耕作農民にとっては、耕作権確立による農民的生存権の取得に本質的意義があったにもかかわらず、それが小ブルジョア的所有権に代置され、経済的にも思想的にもファシズム体制下に動員されるといった、所有権（小ブル的）優位の関係で自作農家への道をたどることになったのである。このことが同政策における「維持」よりも「創設」に力点がおかれることになった論理的帰結でもある。

「創設政策」を以上の如くとらえれば、同政策は国家独占資本主義が農業・農民を把握する基礎的な一過程としての性格をもつものということができよう。それ故、この過程において、耕作権と所有権をめぐる階級的対抗関係は解消されなかったばかりか、内向的に沈静化しつつ、戦後の農地改革闘争へと引き継がれていくのである。

農地改革に引き継がれていった土地問題をめぐるこの階級闘争については、もはや触れる紙幅の余裕がないため、改革の結果についてのみ一言だけ触れておこう。

それは、すでに多くの業績で示されているように、農地改革によって創出された自作農は、自らの労働の成果を十全に取得し得るものとしてではなかったのであり、その意味では「創設政策」における小ブルジョア的土地所有者としての性格を色濃く保持させられた自作農であるといえよう。そしてこの性格が、一九六〇年代から七〇年代にかけての農民層の広範な貧困化過程（兼業化・経営受委託を通じて）において一層顕在化してきていることにも注視することが必要と思われるのである。

「創設政策」の歴史的性格を以上の如くとらえると、冒頭に掲げた各論者の同政策に関する論点・評価については、再検討を必要とする部分がある。

とくに農地改革とのかかわりに関しては（近藤・石渡・栗原の諸氏の見解）、全面的な再考を要することになる。

# 第二章

# 農地改革

# 第一節　農地改革の経緯

## ・一九四五年〜一九四六年十一月

日本帝国政府が受諾（一月十四日）後、日本民主化の日になるとは国民は気がつかなかった。この時期に農業関係者の一部では、農業立国が叫ばれる。

一九四五年八月二十八日に、全国農業会会長の会議が開かれ、「農地の適正規模専業農家の育成強化を図る為耕地適正配分を断行するもよしこの目的達成の為農地の交換分合ならびに耕地整理事業の大規模実施を促進し集団農地化の実行を期する」とされたが、地主的農地所有との対決は、いささかも現れていない。

農地改革を要求する海外世論の一つ、一九五二年九月二十六日のマンチェスター・ガーディアン誌の社説は、次のように述べている。

「農業改革は日本民主化の第一歩」という表題で（軍部は打撃を受けたが、財閥・官僚・地主は依然存続しており、これに変革を求める米国の積極的政策か、さもなければ日本の経済的困難以外にない。……農業改革は日本改革の第一歩であり、農民生活を向上せしめることは日本の工業に対する低賃金労働の給源を絶ち、また日本軍の徴兵力を減ずることとなり、他方、農民の購買力の増加が国内の需要を増し、延いては対外輸出と侵略とを緩和する効果がある。従ってこの点に対する米国の圧迫こそ日本民主化への第一歩であろう」

一次改革法は、一九四六年一月上旬に農地審議会が開かれ、平均五町歩の地主保有面積の都道府県別割当てが諮問され、閣議が決定し且議会も承認した平均五町歩を、議会・政府が承諾した。「最低四町歩を下りしても四町歩に近い面積」が前提に、多少修正を加えて、最高は北海道十九町歩、最低は大坂・奈良など三町六反歩になった。これに加えて左の事項が加わる。

一　農地に権利の移動の統制を有効にするため、一般に登記の申請者は、申請書に地方長官の認可書を必要とするばかりでなく「農地を耕作の目的として行われる為」権利を取得する場合には、法律上認可も承認も必要ではないが、登記の申請書に権利の取得が耕作を目的にする旨の市町村農地委員会の証明書を必要とする。「耕作を目的とする」場合は、証明書の発効を拒否できないし、対抗条件として登記を必要ないし、農地の賃借権の移動については何らの効果がなかったのである。

二　GHQはこの一次改革案に対して批判があり、日本政府との会議で改革の要点を提示した。

1　五町歩という地主保有面積は、多くの小作地が計画の対象にならない。

2　地主的な構成を持つ農業員会の自由裁量に委ねられた部分が多く、地主に売却を強制するためには、その前提に余りに複雑な手続きが必要で、計画が予定通りに実行されるとは思えない。

## ・自作農創設の強化

今後五か年以内に急速且全面的な健全な自作農を創設するものとする。

1　自作農計画の対象は、不在地主の所有農地及び在村地主の所有する五町歩程度を超える農地にすること。不在地主が近い将来において自作をなすを適当とする。農地及び在村地主が五町歩を超えて自作し、近き将来に於いて五町歩程度を超えて自作を成す適当とする農地は、前項の自作農創設の対象となせること。自作農が、現に五町歩を超えて自作する場合も、前項の取り扱いを成すこと。

２　自作農創設の方法については、事業の急速なる進展を図るため、市町村農業会をして小農地を一括して買い取らしめ、この農地の再配分を図るよう指導すること。

３　地主の土地売却代金は、長期預金、証券公布等の特別な方法を採り、適当なる限度にその使用及び処分を制限すること。

４　土地の買受に要する資金については、自己資金の活用により即時支払いを奨励することとし、資金の融通を必要とする場合、長期年賦償還方法により資金の融通をみとめること。

５　農地価格は自作農創設を促進するため、自作農収益価格を基準とし統制する。

６　農地改革は、自作農創設を促進するため、自作農収益価格を（田は地引退価格の四十倍・畑は四十八倍）を基準とし、これが統制を継続すること。

７　自作農創設のため農地を提供する所有者に対し、国庫より一定の報奨金を支給すること。

８　地方長官の譲渡の強制及びその農地価格に対しては、異議の申し立て訴願等の方法に農地の所有権に法律上の救済手段を認めること。

**・英国案（対日理事会英国代表・マクマホウン・ポール、一九四六年五月二十九日）**

１　一九四六年三月十五日、日本政府により提供されたる農地改革計画に対し、意見を述べるために、連合国司令部により連合国理事会が招請された。

2　農民は、日本政府の計画が一九四五年十二月九日、ＧＨＱ指令の意図実行に失敗している。

3　故に日本政府は、下記計画を包含する農地改革案を一九四六年三月十五日迄に提出すべき命令を受けた。

a　土地所有権の不在地主より耕作者への移譲

b　不在地主により適正価格で農地買い上げる規定

c　小作人に相応した年賦制度による小作人の農地購入に関する規定

d　再び小作人に転落するのを合理的に防止する規定

4　日本政府の計画は、次の詳細に関し指令の目的達成に失敗している。

a　地主に対し小作地平均五町歩の所有を限度とし認めることは余りにも多すぎる。これでは小作地の七割または、それ以上が売却できぬことになろう。

b　現に不耕作地主が所有している農地でも、近き将来に地主が自作する予定の農地は譲渡計画から除去するという規定は、地主に対し、改革案の骨抜きの便宜を与えることになる。

c　小作地移譲に関する案の如きは、機構は煩雑で小作人に不利である。地主と小作人との直接交渉は地主に有利であるとともに、地方農地委員会は地主の利益を擁護する機関である。県農地委の構成は不明瞭に規定し、小作人の利益が保護されることは明らかにされておらぬ。

d　日本政府は、買い入れ資金の七割は政府が出し、三割は小作人に負担させるつもりであろうが、この三割の購入資金を持てる者は、これを持たざるより優先的に農地を買ってしまうことになろう。

e　将来土地価格下落により支払い不能に墜ちることにより保護するため、買い手の負担を定期的に再評価する規定がない。

f　水田一反歩に付き二二〇円、畑一反歩には一三〇円の政府補助金は、土地購入価格をあまりにも高く吊り上げる、この価格は戦前より十割高に近い。

5　計画に関する修正の勧告

a　不在地主が所有し得べき小作地の限度を一町歩に引き下げること。不耕作地主所有小作地を最大限一町歩とせば、全小作地の約七割を売却することができる。

b　現小作地の六五％の解放は、右小作人一戸当たり平均一町歩所有するだけの土地を供給し、なお約四〇万町歩残るが、これを自小作人に分配。

（資料『戦後日本農政史資料』）

**・ソ連案（一九四六年五月二十九日・第五回対日理事会で提案）**

第一次改革案を批判

1　政府は不在地主の土地全部、自作農の内地三町歩、北海道一〇町歩超過分及び一九四五年九月二日現在の小作地、休耕地を収容する。

2　収容価格は、反当平均、田は四四〇円以下、畑は二六〇円以下（半額は国庫補助）とし、収容地三町歩迄は全額補償、三町歩から六町歩迄は半額補償、六町歩を超える分は無償とする。
3　政府が収容した土地は、耕作者で土地を所有しないか、又は小面積の土地しか所有しない者に優先的に交付する。その場合の価格は収容価格の半額である。
4　地主からの主用、農民への売却は、国会及び都道府県議会の代表者を加えた国家機関が執行し、地主と農民との直接交渉は認めない。
5　一九四五年十二月一日以降に地主が行った売買、その取引は総て無効と看做す。
6　土地改革法は一九四五年一月一日迄に終了する。

（資料『戦後日本農政史資料』）

ＧＨＱはこの改革案に対し「農民解放指令」（一九四年二月九日）を発した。

**・農地改革に関する指令（農民解放指令・一九四五年十二月九日）**

農地制度改革問題に関し終戦連絡事務局を通じ日本政府に伝達されたる覚書

第一項　日本帝国政府は民主主義的傾向の復活強化に対する経済的障害を除き去り人民の権威尊重樹立し、日本農民を数世紀に及ぶ封建的抑圧のもとにおいてきた経済的束縛を破壊するための日本の農地を耕すものが彼らの労働の果実を享受する平等な機会を持つ事を保証するような措置を取るよう指令される。

第二項　この指令の目的は全人口の殆ど半分が農耕に従事している日本の農業構造を永きにわたってむしばんできた害毒を除去するにある。これら弊害中特に甚しいものは次の通り。

A　農地における過度な人口集中――日本の農業の分は一エーカー当たり一エーカー乃至半分以下の農地を耕作している。

B　小作人に極めて不利な条件にある小作制度存在――農民の分の三ぶは純小作乃至一部小作であって年々それ以上におよぶ収穫或その分は小作をしながら耕作している。

C　農家賃銀に対す高利とむすびついた重い農家負担を農家負債令農家の過半数以下の収入によって生活維持しえる。

D　商工業に厚く農業に薄い政府差別的政策――農業に対する金利及び直接税は商工業に比してはるかに過酷である。

E　農民の利益を無視した農民及び農業団体に対する統制超然的統制団体による恣意的な作付け割当は屡農民が自己の必要や経済的向上のためにせんとする作物の栽培を制限する。

日本農民の解放は以上の如き農村の害悪が除去破壊されてはじめて開始され得る。

第三項　従って日本政府は本司令部に対し農地改革計画を一九四六年三月十五日或いはそれ以前に提出することを命ぜられる。この計画は次の諸計画を含むべきである。

A　不在地主から耕作者への農地所有権の移転。
B　公正な価格で農地を非耕作者から購入する規定。
C　小作人の所有に相応した年賦による小作人の農地購入に関する規定。
D　小作人たりしものが再度小作人に転落することを合理的に防止する規定。かかる保証は次の諸項目を含むべきである。
1　合理的な利率による長期・短期農業資金貸付
2　農産物製造業者および配給業者による搾取から農民を保護すべき措置
3　農産物価格を安定せしめる措置
4　農民に対して技術上その他の有用な知識を普及する計画
5　非農業部面の利害に支配されず日本農民の経済的、文化的を目的とする農業協同組合の運動の育成計画
第四項　日本政府は以上のほか農業に対しその貢献に相応する国民所得の分け前を得るために必要と思われる他の提案をも提出することを要求される。

（資料『戦後占領下法令集』）

・ＧＨＱの第二次農地改革に対する勧告

１　小作地の保有限度は内地平均約一町歩、北海道四町歩（保有面積は世帯単位）。隣接市町村に居住する場合は、不在地主として扱う。

２　自作農の所有する農地所有面積は、内地平均三町歩、北海道十二町歩である。

３　農地改革は一九四五年十一月二十三日現在で実行する。

４　保有限度以上の農地は強制買収される。

５　買収された小作地は一九四五年十一月二十三日現在の小作農が優先的に買い取ることができる。この規定は英国案に於いても当然の事とされる。

６　地主保有地の小作人は自作地を買取る機会を与えられる。

７　農地の買取、売り渡しは、買取収入ノ田畑の均衡を図るよう注意する。農地の交換文合を可及的に行う。

８　全国農地委員会を設け、土地移譲計画を監督する。その構成は農林大臣、小作農、地主及び民主的農業団体の代表者、公衆の代表者から構成する。市町村委員会は買収すべき農地を決定する。市町村委員会は買収農地を決定する。都道府県委員会はこれを承認し市町村委員会の決定に対する異議の申し立てを受ける。委員会の会議は公開である。

９　土地移譲計画が都道府県委員会より承認されること、これにもとづいて政府は土地の所有権を取得し、これを小作人に売り渡す。

10　農地改革事業は、法案がＧＨＱにより承認されてから二年間に完成させる。

11　農地価格は政府案を承認する。地主に対する支払いは年利二部五厘以内、三十年賦で支払われる。買収される自作地についてのみ報奨金が公布される。

12　小作人の政府に対する支払いは前項と同様である。小作人の賦金は、地租公課を加えて年生産物の価格の三分の一を超過しない。必要な場合は政府が年賦金を減額しまたは延期する。

13　小作料の統制及び金納化は小農民がする。農産物価格が将来下落する場合は、金納小作料は水田については年農産物価格の二十五％、畑については十五％を超えない。

14　小作契約は文書化される。契約書には小作料及び小作期間が規定される。文書化はＧＨＱの承認を受けた模範契約による。

15　本計画により小作人が購入した土地は、三十年間政府の認める特例を除いて処分を禁止される。

16　小作料の取り下げ及び農地の所有権の移転は今後禁止される。

（資料『戦後日本農政史』）

## 第二節　農地改革の結果

「自作農創設特別措置法」第一条、この法律は、耕作者の地位を安定し、その労働の成果を公正に享受させるため、自作農を急速且広範に創設し、また、土地の農業上の利用を増進し、以て農業生産力の発展と農村における民主的傾向の促進を図ることを目的とする。

日本政府は、一九四五年十二月中頃に、ＧＨＱの農民解放指令に回答をだした。その要点は次の通りである。

五町歩という地主保有面積によって、小作地計画の対象にならない。

地主的な構成をもつ農地委員会の自由裁量に委ねられる部分が多く、地主に売却を強制するためには、その前提にあまりに複雑な手続きが必要で、計画が予定通りに実行されるとは思えない。

小作料その他の小作条件について、小作人を保証する条項がない。

日本政府は、農民解放指令の中に、一九四六年三月十五日までに、農地改革計画を提出することを求められたので、解答した。

不在地主より耕作者に対する農地所有権の移譲

耕作せざる所有者より農地を適正価格を以て買い取る制度

小作者収入に相応する年賦償還による小作人の農地買取制度

小作人が自作農化したる場合、小作人に転落せざるを保証するための制度化、全国で農地面積は一九万三六〇三町歩（一九四六年七月一日現在）。うち解放農地面積は、三三万七九七一町歩（一九四六年六月三十月一日現在）

解放実績類　一九四万一九八二町歩

同買とり実績　七七万五六九九町歩

財産税物納　一七万六〇七二町歩

農家の経営する農地の面積が耕作する面積町歩一〇九八町歩

1　不在地主の小作地全部

2　在村地主の小作地の内北海道は四町歩・内地は一町歩

3　小作料物納禁止・金納化、

4　農地に占める小作地面積の八〇％から一〇％に

（資料『農地改革顛末概要』）

農地改革の結果を受けて政府は、それを恒久化するため、「農地法」を施行する。それが、一九四六年である。

同法は、「この法律は、農地はその耕作者みずから所有する事を最も適当であると認めて耕作者の、その権利を保護し、その他の農業上の利用関係を調整し、もって耕作者の地位安定と農業生産力の増進とを図る事を目的とする」ものである。

これで分かるように、「農地法」は、（農地は耕作者みずから所有することを最も適当）と規定し、いわゆる「耕作者主義・自作農主義」を厳しく規定している。

但し、農地改革は、山林・原野の解放を行わなかったことは、同改革の不十分さを示している。

**註**

① 地主補償問題

一九五三年十二月二十三日・最高裁判決

農地改革に対する地主の反発が強く、農地取り上げが安く憲法違反の訴訟をおこした。憲法二十九条（二十九条三項・私有財産は、正当な補償の下に、これを公共のために用いることができる）

農地改革は、公共のため、ということに該当するため、合憲判断がなされた。

政府は「農地被買収者等に対する給付金の支給に関する法律」に沿って旧地主に対し、賠償金を国債で支払った。だが、インフレイションにより賠償金（国債）の価値が下落し、賠償金は、反故になった。

② 農地買収に対する不服申し立て最高裁判決（一九五二年十二月）

要旨・自作農創設特別措置法第六条三項本文の農地買収対価は、憲法第二十条三項「いわゆる正当な補償」に当たる。

③ この判決は、いわゆる統治行為論（憲法判断を避ける）ではなく、正面から農地改革の農地買収価格が、憲法第二十九条（公共の福祉）に合致することを明確にした判決だという意味で画期的な内容である。

## 第三節　農民運動

近代における小作争議は農村不況が原因としては発生し、当初は凶作や自然災害により一時的非組織に発生する程度であったが、日露戦争が起こると、小作人にとって負担になった米穀検査に対する反発として小作争議が激化する。

一九二〇年代に入ると、大正デモクラシーの影響を受けて、各地で農民運動が頻発するようになり、国際的にも、一九二〇年（大正九年）十月に、スイスのジュネーブで第三回国際労働者会議が開催され、農業労働者の団結権が論じられた。

大正期に、小作農民は小作組合＝農民組合を組織して団結を図り、一九二二年（大正十一年）には、杉山元治郎・賀川豊彦らによって小作組合・日本農民組合が結成され、近畿を中心に、小作争議の第一次高揚期を迎えた。

日本の農民組合の指導の下に、香川県太田村の伏石争議、群馬県強戸村の強戸争議、新潟県木崎村の木崎争議は、日本の三大争議と呼ばれる。

日本農民組合は、一九二六年（大正十五年）には、右派平野力三が率いる全日本農民組合同盟が分裂し、一九二七年（昭和二年）には、中間派の杉山元治郎の全日本農民組合が分裂し、その後も分裂・合同を繰り返し、農民運動は右派・左派・中間派の三派を軸に推移する。

日本の小作争議は、一九二九年（昭和四年）の世界恐慌の影響を受けて、再び増加し、東北地方の凶作・農村不況を背景に、第二次高揚期を迎える。

小作争議は、小作料減免を要求する大規模争議が、東北地方を中心に農地の耕作権をめぐる小規模争議を特徴とし、全国農民組合の指導の下、数多くの争議が発生した。一九三一年（昭和六年）八月の全国農民組合全国会議では、小作人以外の農民層を獲得して、運動を展開するために、小作問題以外の税や負債、肥料などの独占価格、賃金や電灯料金など広範な課題に取り組む農民委員会方針を提起し、運動を展開した。

日本農民組合の、第二次農地改革の法案審議の当初より、この改革が、次のような問題点を残していることを指摘している。
イ　全国平均一町歩の地主を残している。
ロ　農地委員会の構成が解放されるべき小作人に絶対多数を示している。
ハ　山林、原野の解放に触れていない。

# 第三章

# 農地法に株式会社の参入

## 第一節　「一戸一法人成り」の特徴は節税

第一次安倍内閣は戦後レジームからの脱却を唱え、一九四五年の太平洋戦争において日本の敗戦後、歴代内閣後の憲法を頂点とする行政システム（教育・経済・雇用・国と地方との関係・外交・安全保障などの基本的枠組みの多く）が、二一世紀の時代についていけなくなったと、国会での施政方針演説で明言したのである（一六六国会・施政方針演説）。

第二次安倍内閣では、「規制改革会議」を立ち上げ、財界人・大学人等で構成し、そこで「岩盤規制の改革」を答申させ、「農地法・農協法・農業委員会法」（農地法の番人ともいわれる）などを「岩盤規制」として、これらを改革することを政策の主要課題に位置づけたのである。このことは、戦後民主主義体制を全面的に否定するものである。

農地改革の成果を恒久化させる「農地法」は、一九五二年に公布されたが、その後数回（一九六二年・一九七〇年・一九七五年・一九八〇年・二〇〇〇年・二〇〇九年・二〇一五年）の改定の中で、株式会社が農地の権利取得（貸借権・使用権）を容認することになった。

「一戸一法人」が、一九六〇年改正で初めて農業の「法人」の参入が容認されたのである。以下にその経緯を述べよう。

一九五二年「農地法」の第三条は、その目的条項（総則）で、次のように定めた。

――総則第一（目的）この法律は農地を耕作者みずから所有する事を最も適当であると認めて耕作者の農地の取得を促進し、その権利を保護し、その他土地の農業上の利用関係を調整し、もって耕作者の地位の向上の安定と農業生産力の増進とを図ることを目的とする――

この目的条項は、「耕作者の農地の取得を促進・その権利を保護・農業上の利用関係を調整」とあり、「耕作者の権利保護」を謳っているとともに、「利用関係の調整」を付すことが、民主的性格を明示している。それは耕作者＝農民の権利を明確に認めている。

これが「規制改革会議」では、「岩盤規制改革」を答申した有識者には「岩盤」を砕き耕作者＝農民だけが農地の利用を行うこと＝民主的思想が「安倍内閣」の思想に反するものと映ったのであろう。「農地法」に株式会社の農地の賃借権を容認したことは、こうした経緯があった。だが「農地法」は地域によって「法人」が農地を耕作することを強く望むことになる。それが「一戸一法人」＝農家経営を法人と看做すことを容認することである。これを当時は「法人成り」（法人と看做す）として

「農地法」に加える要求が顕在化したのである。特に西日本の徳島県・愛媛県・鳥取県の果樹作農家でそれが顕著であった。それには果樹作農家の農業収入に課せられる所得税に対する農家の不満が露わになったのである。それについては以下に述べよう。

## 第二節　「農業法人成り」の経過

「農業法人の取り扱いについて」(農林省の局長通達)が出され(法制局監修・農地関係法)、いわゆる農業法人の問題は、一九五六年三月二十七日、衆議院農林水産委員会において、「すみやかに農業法人制度の法的措置を講じ、その育成を期すること。この場合、農地法及びこれにもとづく農業関連諸法律の根本原則を変更することなく農民の創意を助長し、農業経営の近代化を促進し得るよう考慮すること」との決議がなされた。

ご承知のとおり、国は現行の農地法の下においては、農業法人の農地等の使用収益の取得につき、「農地法」第三条の許可はすべきでないとの方針であるが、その趣旨とするところは、要するに、現行農地制度のもとにおける農業法人の農地取得は、いわゆる自作農主義を理念としている「農地法」の趣旨に反するような農地の使用収益の形態を発生させ、また、実質的な土地所有、不在地主の発生、小作料の統制の実効があがらなくなるなど、同法の基本的な諸規定を骨抜きにするような弊害が発生するような恐れがあるので、これを防止しようとするためであり、将来の問題としては、農業経営の近代化・合理化を促進する方針のもとに、いわゆる農業法人の組織・性格等につき慎重に検討する考えである。

よって現状においては、以上の趣旨からして、また「農地法」の励行を期している見地からして、「農業法」に関し法的措置の整備等必要な措置が講ぜられるよう、次の事項に留意の農業法人の行う業務の内容が、「農地法」の諸規定に抵触する場合には、必要な是正の措置を講ずるよう、また今後「農地法」の規定に抵触するようなことのないよう十分なご指導願いたい、というものである。

1　農家と法人との関係が請け負契約の形式であっても、その実態において法人が農地につき使用収益をするものと認められるようなものであってはならない。

2　果実等の出荷・販売、農作業の共同化・施設の共同利用等を法人形態により行うことは農地法上何らさしつかえないこと

3　農地法の諸規定に抵触するような業務内容をもてぬ農業法人については、それぞれの実情に応じ適切な助言・指導・是正の措置を講ずるようにする

農業生産法人は、果樹作農家が、課税対策として農家の経営を「一農家一法人」として納税申告をしたが、税務当局が、現行農地法違反を理由に拒否したことから起きた問題である。

「一農家一法人」は、徳島県で一〇三社、鳥取県では六社に過ぎない。

「一農家一法人」が最初に問題になったのは徳島県勝浦町である。この町には、四〇〇haの蜜柑の栽培農家は六〇〇戸に達する。大半は他産地の出荷時期を避けて貯蔵し、翌年に出荷し、「缶詰」加工もして出荷していた。樹齢四十年の老木が多い。果樹団地は急傾斜のため表土が流出し、客土の必要がある。病虫害も多い。山地のため作業は運搬に多大な労力を必要とする。

蜜柑作としては収益が少なく、経費は割高になる。現地の税務当局の所得税査定が実情に合わないとして、一九五七年から経営を法人にし、所得税の軽減を図ろうとする農家が続出し、蜜柑栽培農家の一七％の一〇三戸が法人申告を行った。

その内容は、農家が法人化したので、法人が農地の貸借契約を行い、蜜柑の立木・機械器具等を現物出資し、果樹園の生産・販売を営む目的にする「一農家一法人」である。法人設立の登記は法務局に受理された。

だが税務当局はその内容に疑義を抱き、徳島県に照会した。県は農林省に連絡したが、法人への耕作権の移転は「農地法」違反のため無効と判定した。税務署は耕作権が認められない法人の所得税は、「実質課税負担原則」に照らして法人課税の対象たり得ないとみなし、「法人成り」を理由に、農民個人の個人所得税減額請求をすべしとして却下した。

農家は、農地の賃貸契約・立木等の出資をやめ、果樹栽培を請け負い契約に改め、売上高の九割を法人に支払い、法人は「法人税・住民税」を負担することにした。こうして帳簿整理をしていた三法人が代表になって、「法人申告」を行い、残りは法人を一時休業にさせて個人申告をした。税務署は個人申告をした農家の法人設立の気勢を削ぐ個人所得税を前年の半額に軽減した。二法人は異議申し立てとともに行政訴訟の準備を始め、他の農家も結束して協力した。

徳島県の「一戸一法人」は、鳥取県に波及した。一九五二年に同県羽合町で、有限会社が一社でき、一九五二年には倉吉市で五法人が生まれた。「法人成り」は課税対策である。だが、徳島県のように大衆運動的な広がりはなかったが、鳥取県では農民団体が、すでに課税対策に手を打っていたからとされている。

鳥取県の六法人のうち倉吉市の五法人は、「一農家一法人」だが、羽合町の一法人は同族関係（三世帯）で構成。鳥取県の六法人は税務署と事前了解の上「法人成り」したので、法人税を納めてきた。だがこの六法人は、徳島県の場合とは逆に問題化することになったため、倉吉市では税務署が農業委員会に照会、同委員会は県当局に照会し、県は徳島県同様に同一趣旨の判定を下した。農業委員会や県農業会議は農業法人に好意的傍観をしていたが、問題が表面化したため、県農業会議の農地部会で正式に取り上げ、前向きに解決するよう、国会や政府に陳情している。それにも関わらず税務当局の態度は、地方でも次第に悪化し、新聞報道では、広島国税局係官が六法人に対し家宅捜査にも等しい法人休業を強要した。

鳥取県農業会議の国会・政府宛陳情書は、農林省農地課「農家の法人の設立に関する資料」である。一九八五年十二月に、中国・四国の県農業会議・和歌山・香川・高知・静岡・岡山・三重・神奈川・

長野・新潟・北海道等にわずかながら法人が生まれている。

「法人成り」の直接の理由は、課税対策にあることは前述したが、現行の税制下では「法人成り」にすると税負担が軽くなる。その理由は、「臨時税制調査会」答申（一九五六年十二月）から要約しよう。

「現行税制下では一般企業の税負担は、個人経営の所得に課せられ、個人の住民税と個人法人事業税との合計になる。個人法人企業は法人に課せられる法人税・住民税の合計である。個人に課せられる所得税・住民税の合計である。法人企業収益の収益階層別を比較すれば、企業収益五〇万円の層では法人企業の負担が軽く、企業収益が増加すれば法人税は増加する」

累進課税によれば、青色申告で専従者控除される部分を除き、事業主一人の所得が累進課税される（五万円以下は一〇％・五万円以上は一五％・一〇〇万円以上は三〇％・一五〇万円以上は三〇％・三五〇万以上は四〇％）。これに対して法人企業は個人事業所得の一部が家族に対する給与・賞与に転嫁し、農民家族と所得が分割されるので、個人所得の累進課税の方が企業に対する課税より有利になる。

農家法人の設立により、税負担が軽くなる試算（農林省農政課試算—一九五八年五月）で具体的に明らかになっている。**（表11・12参照）**

以上に示すように、個人課税と法人課税にはアンバランスがあり、農家が「一戸一法人」を選択するのは節税のためである。自主申告をして確定申告に至るまで税務当局の所得基準が画一的な場合がある。

徳島県勝浦町で最初に「法人成り」を立ち上げたS農家は、一九五六年、実際の蜜柑収量が七万七〇〇〇貫の所得を、税務署は七万三〇〇〇円と見做し、所得税を種々の控除を行った後に、年間所得の四〇%を課税した。勝浦町は蜜柑作地帯では限界地帯にあり、耕地・経営が不利な自然条件にあるが、税務当局はそうした経営条件を考慮に入れずに、個人の標準課税方式を採用したため、実態に沿わない税金を納めざるを得なかった。

鳥取県・和歌山県で「一戸一法人」の実態調査報告では、鳥取県で最初に「法人成り」を立ち上げた羽合町のA法人は、梨栽培農家で経営耕地が四・三haで、かなりな規模の大きい経営である。そのため雇用労働力に依存し、機械等の固定資産も整備している。そのため、賃金支払いや固定資産の減価償却が必要経費。税務当局は青色申告（農家の所得税納税者は五～六%）とし、専従者控除も削る傾向にある。鳥取県の二〇世紀梨栽培農家には青色申告が行われているが、これも次第に減少した。

## 表 11　法人化による農家の税負担の変化－試算－

| 項目 | | | 農区別 | 北海道 | 東　北 | 北　陸 | 近　畿 | 瀬戸内 |
|---|---|---|---|---|---|---|---|---|
| 対象農家 | | 経営耕地 | 反 | 129.1 | 26.4 | 22.8 | 22.7 | 22.5 |
| | | 家族員数 | 人 | 8.3 | 8.3 | 7.4 | 6.3 | 7.8 |
| | | うち自家農業専従者 | 人 | 3 | 3 | 3 | 3 | 4 |
| | | 農業所得 | 千円 | 513 | 538 | 484 | 743 | 468 |
| 個人課税のばあい | | 所得税 | | 46,900円 | 56,500円 | 46,900円 | 114,000円 | 49,300円 |
| | | 府県民税 | | 3,852 | 4,620 | 3,852 | 9,220 | 4,000 |
| | | 市町村民税 | | 16,376 | 18,400 | 15,888 | 30,079 | 16,613 |
| | | 計 | A | 67.128 | 79,520 | 66,640 | 153,229 | 69,913 |
| 法人課税のばあい（法人留保をみとめる） | | （収益） | | (50,341) | (85,240) | (78,801) | (48,314) | (86,104) |
| | 法人分 | 法人税 | | 16,613 | 28,129 | 26,004 | 15,944 | 28,414 |
| | | 事業税 | | 4,027 | 6,819 | 6,304 | 3,865 | 6,888 |
| | | 府県民税 | | 1,497 | 2,219 | 2,004 | 1,461 | 2,134 |
| | | 市町村民税 | | 2,546 | 3,478 | 3,306 | 2,491 | 3,502 |
| | | 小　計 | | 24,683 | 40,545 | 37,618 | 23,761 | 40.938 |
| | 個人分 | 所得税 | | － | 700 | － | 41,500 | － |
| | | 府県民税 | | 300 | 356 | 300 | 3,332 | 400 |
| | | 市町村民税 | | 3,623 | 3,919 | 2,707 | 12,270 | 1,013 |
| | | 小　計 | | 3,923 | 4,975 | 3,007 | 57,102 | 1,413 |
| | 計 | | B | 28,606 | 45,520 | 40,625 | 80,863 | 42,351 |
| 法人課税のばあい（法人留保なし） | 法人分 | 府県民税 | | 600 | 600 | 600 | 600 | 600 |
| | | 市町村民税 | | 1,200 | 1,200 | 1,200 | 1,200 | 1,200 |
| | | 小　計 | | 1,800 | 1,800 | 1,800 | 1,800 | 1,800 |
| | 個人分 | 所得税 | | 2,600 | 7,250 | 2,800 | 47,500 | － |
| | | 府県民税 | | 508 | 880 | 524 | 4,100 | 400 |
| | | 市町村民税 | | 4,451 | 5,557 | 4,106 | 13,493 | 2,363 |
| | | 小　計 | | 7,559 | 13,687 | 7,430 | 65,093 | 2,763 |
| | 計 | | C | 9,359 | 15,467 | 9,230 | 66,893 | 4,563 |
| 税負担の軽減 | | A－B | | 38,522 | 34,000 | 26,015 | 72,426 | 27,562 |
| | | A－C | | 57,769 | 64,033 | 57,410 | 86,406 | 65,350 |

1.　農林省農政課資料（33.5）より調査。2.　本表算出方法については原資料を参照されたい。

## 表 12　鳥取県 6 社の経営概況

| 概況 | | 社長・所在 | A　社（羽合町） | B　社（倉吉市） | C　社（〃） | D　社（〃） | E　社（〃） | F　社（〃） |
|---|---|---|---|---|---|---|---|---|
| 設立年度 | | | 昭和　27 | 〃　31 | 〃　31 | 〃　31 | 〃　31 | 〃　31 |
| 経営耕地 | 田 | | 反 11.5 | 反 14.0 | 反 23.0 | 反 13.0 | 反 18.0 | 反 14.0 |
| | 畑 | | 9.2 | 3.0 | 3.0 | 2.0 | 3.0 | 4.0 |
| | 果樹園 | | 22.0 | 10.0 | 4.0 | 4.0 | 4.0 | 3.5 |
| | 計 | | 42.7 | 27.0 | 30.0 | 19.0 | 25.0 | 21.5 |
| 社員（うち男） | | | 人 4(2) | 人 6(3) | 人 6(3) | 人 7(3) | 人 4(2) | 人 4(2) |
| 家族 | 農業従事 | | 6 | 6 | 6 | 7 | 4 | 4 |
| | 〃　非従事 | | 7 | 1 | 2 | 3 | 3 | 3 |
| | 計 | | 13 | 7 | 8 | 10 | 7 | 7 |
| 出　　資 | | | 千円 500 | 千円 1,000 | 千円 600 | 千円 600 | 千円 600 | 千円 700 |
| 収　　入 | | | 1,762 | 1,231 | 1,093 | 861 | 1,040 | 960 |
| 支　　出 | | | 1,672 | 1,489 | 1,150 | 1,117 | 1,742 | 994 |

資料：鳥取県農業会議『鳥取県における農業法人の実態』昭和33年8月による。

### ・衆議院農林水産委員会議事録抜粋（一九五九年九月十七日）

**西山参考人**　私たちは現在やむにやまれない気持ちから農業法人の問題を推進しているが、本委員会がこの問題を取り上げ私を参考人の発言の機会をいただいた事を感謝いたしている。この法人の基本的考えの概要をプリントして差し上げている。その概要を申し上げます。特産農業が推進され、果樹・蜜柑・梨、特に蜜柑増植面積は実に膨大な物がある。これから生産される果実の量は、国民経済の発展で市場価格を大幅に引き下げられる事が予想されると同時に、果樹産業に携わる農家がお互いに安い果物を生産し、それを安い価格で消費者に提供したい。同時により近代化され高度な農業経営を行うことが必要であろう。

### ・農林省の「試案」（一九五九年十月四日）

1　構成員法人の構成員は原則として地区内の法人事業に従事、構成員以外の者の雇用は一定の制限を設ける。
2　出資は構成員に最高限度を設ける。
3　責任制度は無限責任・有限責任・保証責任から選択。
4　加入・脱退は、加入は構成員の全員の同意を要する。告知による脱退は法廷脱退の事由を設ける外告知による脱退を認める。

5　持ち分の譲渡は一定の割合以上の同意を要し、構成員以外の者に譲渡するときは構成委員の全体の同意を要する。

6　法人の設立は、一定数以上の農民が発起人になって定款を作成し、都道府県の認可を受ける。

7　法人の執行は構成員の過半数で決定。余剰金は一定限度内で出資に対して配当。

8　解散事由は他の法人に準じ、解散した法人の財産処理は都道府県の認可。

9　監督法人に対する行政庁の監督は、必用事由の報告の検査等とし、都道府県の調査・処分の権限を認める事。

10　構成員及びその他世帯員の所有する農地等は、法人に対し賃貸等の貸付のみを認める。

### ・「法人成り」を含めた農地法案成立の過程

・一九五九年三月十日　徳島県法人の高松高裁第三回公判

同三月二十六日　農林大臣が与党の大臣顧問を招き農林省案の了承を求める。

同四月七日　自民党政調会法人化法案了承。

同四月十日　松山で果樹作青年同志会主催の全国農業法人研究会閣議で政府案国会提出決定。

同四月十二日　自民党総務会で数日後に法案了承。

同四月二十五日　法案国会提出
同五月六日　衆院本会議で法案趣旨説明、社会党・民社党・緊急質問

以上の資料は「全国農業会議所「調査研究資料」農業生産法人問題の経過に関する資料（一九六〇年二月）

## 第三節　株式会社の農業参入

農業生産法人は、当初は「一戸一法人」が「法人成り」（法人とみなす）として一九五七年の農地法改定に規定されたが、それには「農事組合」なのに農村集落内の個々の家族経営が相互に共同して、集落農業生産を行う役割を営むものである。「一戸一法人」が共同して農業生産を行う、一種の共同経営の性格を担うものである。

一九九九年「農地法改定」では、株式会社の農業生産の参入が規定されたが、それは株式を公開・譲渡しない条件が付された。

二〇〇七年の「農地法改定」には、株式会社の総株主の四分の一以下、持ち分会社の議決権は総株主の四分の一以下の議決権という制限が付された。また農地の所有権・地上権・永子作権・質権・使

用収益権・賃貸権等の権利は、取得後に耕作または事業を行うと認められない場合は、権利取得は出来ない。

以上のように、「農地法改定」では株式会社の農業生産参入には種々の規制緩和が付され、次に示すように「様々の法人形態」が生まれ、その法人の数は一万四三三三にもなる。

法人形態は、「農事組合法人」「特例有限会社」「合資合名会社」「株式会社」などが参入している。安倍政権が成長戦略の「国家戦略特区」に指定した兵庫県養父《やぶ》市《し》では、株式会社が農地の所有権を得ることが出来る。

このように株式会社が農業生産参入の要件緩和は、「農地法」の法人を小さく生んで大きく育てる手法である。安倍政権の「規制緩和」「岩盤規制緩和」を「特区」指定を実験台にして、今後は「特区」以外でも株式会社が農地を取得出来るようにする狙いである。そうなると、「農地法」は事実上「廃案」に等しいものになり、株式会社生産法人が土地の所有権を取得出来るようになるだろう。

二〇一五年の「農地法」改定の同法の「目的」には、大きな変化がある。

総則・目的は次の通り。

「この法律は国内の農業生産の基盤である農地が現在及び将来における国民のための限られた資源であり、かつ、地域に於ける貴重な資源であることに鑑み、耕作者自らによる農地の所有が果たしてきている重要な役割も踏まえつつ、農地を農地以外のものにすることを規制すると共に農地を効率的に利用する耕作者による地域との調和に配慮した農地について権利の取得を促進し、

**図１　農業生産法人数の推移**

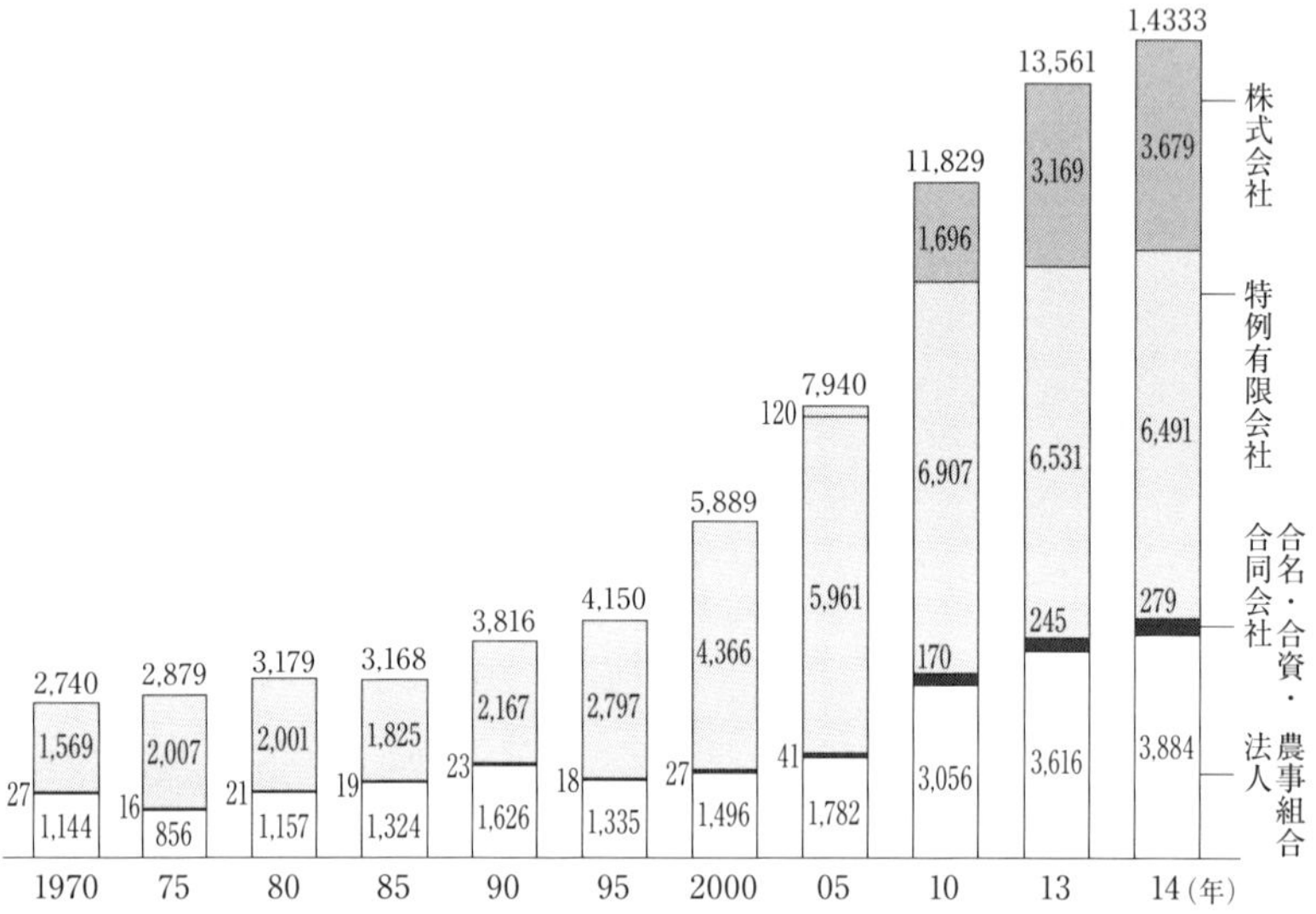


（注）「特定有限会社」は、2005 年以前は有限会社の法人数である。
（出所）農林水産省経営局調べ（各年１月１日現在）

及び農地の利用関係を調整し、並びに農地の農業上の利用を確保するための措置を講ずることによって耕作者の地位の安定と国内の農業生産の増大を図り、もって国民に対する食料の安定供給の確保に資することを目的とする。」

　この二〇一五年の「改定農地法」の「目的」との差異を比べてみたい。

　一九四六年「農地法」は、農地改革を経て旧小作農家に農地の権利を保護、自作農の耕作権を認めるものであった。だが、二〇一五年「改定農地法」は「農地の効率利用」を中心課題にしている。

　一九八〇年には「農業経営基盤強化促進法」が成立している。「農業経営基盤強化促進法」の「目的条項」は以下のような条文である。

「この法律は我が国農業が国民経済の発展と国民生活に寄与していくためには、効率的かつ安定的な農業経営を育成し、これらの農業経営が農業生産の担当部分を担うような農業経営を確立することが重要であることに鑑み、育成すべき農業経営の目標を明らかにするとともに、その目標に向けて農業経営の改善を計画的に進めようとする農業者に対する農用地の利用の集積、これらの農業者の経営管理の合理化と、その他の経営基盤の強化を促進するための措置を総合的に講ずることにより農業の健全な発展に寄与することを目的にする。」

「特定の」農業経営とは、「認定農家」（農業経営の経営目標を定め、それが認定された農家のこと）で、それを書面で提出しなければならない。「農事組合法人」「株式会社」等であり「有限会社」「合資・合名会社」も「認定農家」とは別に、農業生産に参入できることになった。

さらに二〇一五年には、「農地中間管理事業の推進に関する法律」が成立した。その「目的条項」は以下のとおりである。

「この法律は、農地中間管理事業について農地中間管理規構の指定その他これを推進するための措置等を定めることにより、農業経営規模の拡大、耕作の事業に供される農用地の集団化、農業への新たな農業経営を営もうとする者の参入促進等による農用地の利用の効率化及び高度化の促進を図り、もって農業の生産性の向上に資する事を目的にする。」

これら二つの法律は、「農地法」とは、その性格はまったく異なるものである。「農地法」は、特定の農民だけに農地の権利移動（所有・貸借・利用権等）を農業委員会が容認するものではなく、農地の権利移動（売買）するのではなく、農家の「申請」によって農業委員会が許可するものである。そこでは、申請者を選択することは出来ない。それが「農地改革」の基本的理念である。それをこの二本の法律によって「農地法」をまったく非民主的な法律に変えてしまった。すなわちこの二本の法律は、資本が農業生産に参入する機会を与えてしまった。

これは財界が絶えず政権に働きかけたものが実ったものである。財界が農地を取得して農業生産を行うのであればいいだろう。だが資本は、農業生産で「利潤」を得れば農業生産を継続するであろうが、「利潤」を生みだす農業生産は、現在の日本ではあり得ない。

現在の日本の農業生産は、家族経営によって「生活費」を賄うことが最低限の条件である。資本の農業生産は「利潤」を得ることが最低限の条件である。これが、家族経営の農業生産と資本による農業生産との根本的な差異である。

## 第四節　農業生産にとっての「農地」の意味

農業生産は、地域内の農民が地域内の農地の利用（所有・貸借・耕作）することが歴史的に行われ、それは、いわば地域管理の性格を有していた。換言すれば、農地の利用の地域自治として運営されてきた。それが「農地改革」が満たした結果である。それが一九五二年「農地法」である。農地の地域管理・地域自治が「岩盤規制」として財界から指摘され、批判されてきた。だが財界の批判は、資本の農業生産参入で、地域管理・地域自治の農地を「農民の生活」から切り離して「利潤」追求のための農地にする目的である。

早稲田大学の胡桃沢能生氏は、「全国農業新聞」（二〇一六年六月二十四日付）に寄稿し、次のように述べている。その要約は、

・耕作者主義というのは自らの責任と才覚で経営する者であって、同時に農作業に常時従事する者だけが農地の権利者になる。

・他方農地管理は、地域農業の維持発展のため望ましい方向に農地の移動を方向づける政策であ

る。

・地域団体による社会的自主管理が大きな意味をもつ。

・集落の全農家が作付地の集団化や農作物栽培の改善、農作業の共同化、効率化など、地域の農業生産の向上、農村景観の維持にとって最も合理的な農用地利用を必要な話し合いで決め、利用権の設定を合意して市町村に提示。

・耕作者主義も農地の自主管理も否定され、効率的な企業が、不効率な小規模家族農業に代わって農業に参入し、農外企業が自由に農地を売買・賃貸出来るよう主張する内閣府の審議会で強く主張され、農作業に常時従事しない個人も、農業生産法人以外の一般法人も農地を借りることが出来る法改正が二〇〇九年になされ、耕作者主義の一角が崩された。

・政府は、六次産業化の担い手育成を理由に、もともと経営と労働が一体化する構成をとっていた農業生産法人の要件緩和を極限まで進め、農作業常時従事者が一人いればよいとし、農作業常時従事者以外の議決権を二分の一未満に拡大した。

本来、農地は地域内に存在してきた自然資源であり、それを農民が耕作し続けてきたものである。それは耕作者主義として、一九四六年「農地法」が「農地改革」（地主が所有する小作地の大半を小作農民に開放）し、それを基礎として法制化されたのである。

株式会社の農業生産参入・認定農家（家族農業経営）を政策により選択された農家以外の株式会社社

図２　業務形態別

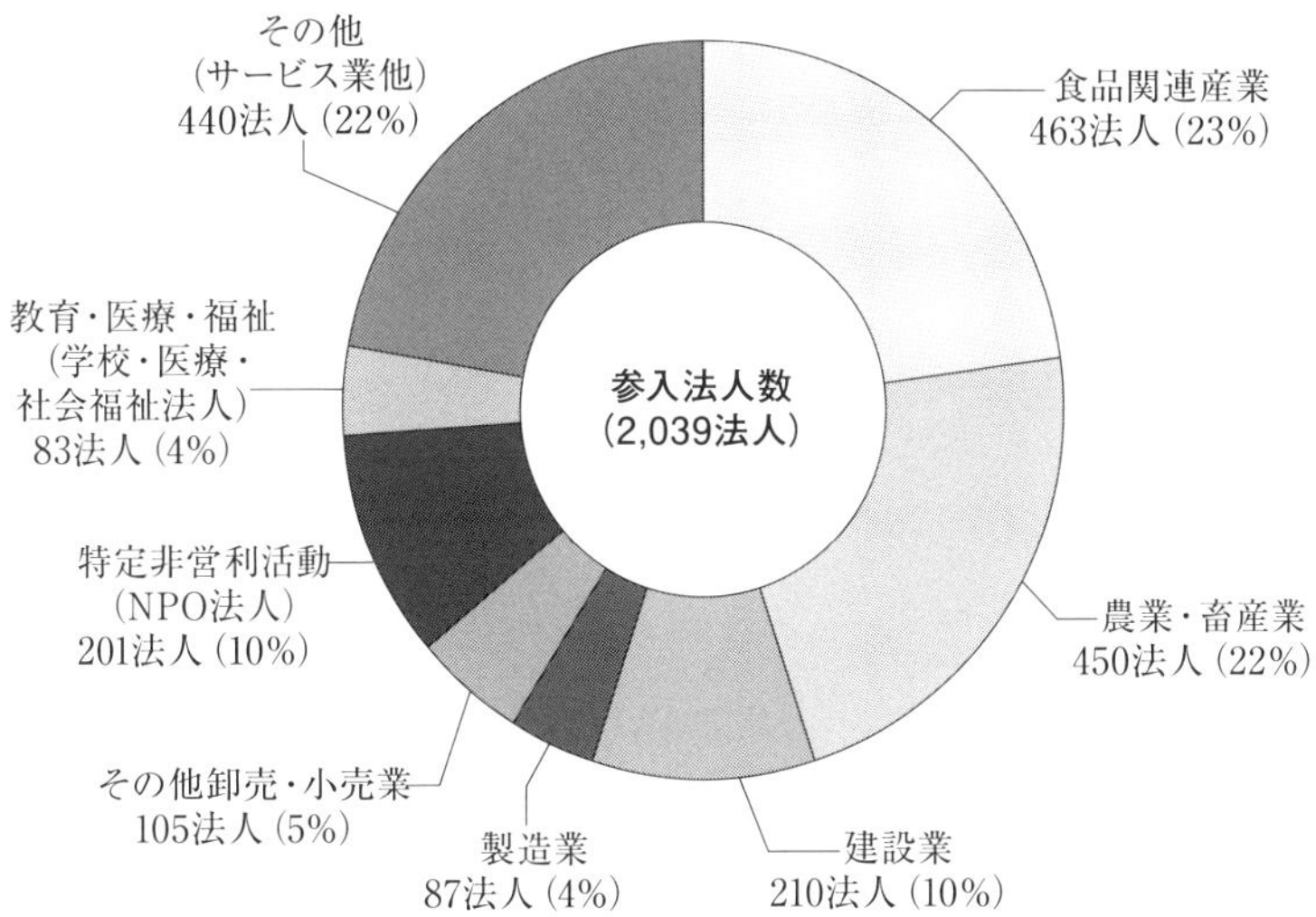


農林林省調べ・2015年12月

が農業生産に参入すれば、以下のようになるのである。（**図２**）

**図２**は、株式会社の業務形態別参入数である。参入法人数は、二〇三九法人で、建設業・食品関連業・製造業・卸小売り業・ＮＰＯ・教育・福祉・医療・サービス業等、多岐にわたっている。

農業生産業法人数は二二％に過ぎない。特に、サービス業・教育・福祉・卸小売業等は、農地には関係なしに業務を行うだろうし、農地を耕作することとはまったく異質である。

このように、農地に無関係の企業が参入するのは、「自然資源である農地」を自然人農民が農地を耕作する必要がない。企業はただ「利潤」を得るだけである。農民家族経営（小農）は、生活費を賄えれば耕作を続ける。株式会社と農民家族経営との基本的差異である。それが農地をめぐる矛盾である。

一九五〇年代に、蜜柑農家が所得税を安くするために「一戸一法人」「法人成り」の運動を自発的に起こし、農業生産法人を認めさせる農地法改定を政府に迫った。しかし、安倍政権の「規制緩和」は、株式会社・大企業の農業参入で、企業に「利潤」をもたらすだけである。自然資源農地の地域で自主管理の下で生活費を賄うこととは異質であり、矛盾である。自然資源農地を耕作し、耕作を継続することこそが、地域農業を継続出来る唯一の道である。

最終講義

# 農業経済学から食糧経済学へ

一九九六年三月

## なぜ農業経済学に

たいへん身に余るご紹介をいただきましてありがとうございます。今日は「農業経済学から食糧経済学へ」というテーマで一時間ほど、いままで考えてきたことをお話をいたしたいと思います。時間もたくさんございませんので、私がやってきた仕事の一つ、一つについて詳しくお話をするつもりはございません。私は東北大学に二五年間在籍しておったわけですが、二五年間何を考えながら大学の生活を送ってきたのかということについて一時間あまり時間をいただきましてお話をさせていただきたいと思います。

最初に、なぜ私が農業経済学に踏み込んだのかということをお話をいたしたいと思います。最初から特別に農業経済学をやろうと思っていたわけではございません。振り返ってみますと、私の少年時代にその原点があるように思っております。どういうことかと申しますと、三つほどございます。

一つは、第二次大戦中は非常な食糧難時代でございました。今の学生諸君にはよくわからないことだと思いますが、私どもの少年時代というのは大変な食糧難時代でして、私が旧制の中学校に入ってすぐに学徒動員ということで、農村に行かされました。そこで麦刈りの作業をやらされたわけですが、そのときに農家に何日か通いまして、昼飯をごちそうになりました。食糧難時代ですから、ふだん食べている食事は非常に貧しかったのですが、農家でごちそうになった昼飯がいわゆる銀シャリというやつでして、真っ白なおにぎりを食べさせてもらったわけです。それが非常に印象に残っていまして、そういうことで人間にとっては食糧がうんと大事だということを少年なりに感じさせられたという経験がございました。

もう一つは、買い出しというのも若い皆さん方はご存じないと思いますが、食糧がないものですから、母の着物を農村に持っていって、着物と食糧を交換するということがございました。それに私は小さい子どもで、小学校三~四年生ごろだったと記憶しているのですが、リュックサックを背負って農村に出かけていくということがございました。当時の農家は今の農家と違って大変苦しい生活をしておったと思うのですが、それでも都会の人間にとってみると、農家というのは非常に食糧はたくさんあっていいなという感情を、子どもの心なりに持っておったのですが、そのお袋の着物と食糧を交換して食糧を食べて、なんとか飢えをしのいでいるという時期がございました。

もう一つは、私は父の仕事の都合で、先ほどご紹介がございましたように神奈川県におりましたが、戦争がひどくなったので郷里の広島県に疎開いたしました。疎開をしてそこの中学校へ入ったのですが、そこの中学校で受けた仕打ちというとちょっと言葉がきついのですが、最近教育界で問題になっているいじめの原点がそこにあったのではないかと思うのですが、疎開者ということでたいへん私はいじめられました。疎開者は私だけではなくてたくさんおりましたが、そういう転校してきた子どもたちがみんな周りからいじめられたというような状態がございました。当時の日本の、まだ封建的で排他的な農村の雰囲気がそういうことをさせたのではないかということを、後から考えてみて感じさせられたわけです。そういうことなどが、私の子どものころの潜在意識として農業問題、あるいは農村問題ということに関心をもつようなきっかけになったのではないかと考えます。

もう一つの大きな経験は、私はじつは最初は東北大学の理学部を受けまして、化学をやろうと思っていたのですが、見事最初の年は不合格になりまして一年浪人をいたしました。その浪人の間は京都の予備校に通って浪人生活を送っていたのですが、その時に京大事件が起きました。

京大事件というのは、今日ご参加の人の中でおそらくご記憶の方はほとんどいらっしゃらないと思うのですが、京都大学に当時の昭和天皇が行幸したわけですが、そのときに当時の同学会という京大の全学学生自治会がございまして、同学会の学生が天皇の行幸に反対するという大変な騒ぎがありまして、それが夕刊にデカデカと載ったわけです。夕刊には、天皇が乗ってきた車の上で学生が反戦旗を振って大きな声で叫んでいるという大変な写真が載って世間を大騒ぎさせたわけです。そういう事件が私の浪人時代に京都であったわけです。

その事件が私には非常にショッキングでして、私も物好きなものですから、その翌日、同学会の書記局に行ってそのときの資料をもらいにいったという記憶もあります。そんなことで、理学部を選ぶよりは社会の病気を治すような学問を目指したほうがいいのではないかということを、そのときに気がついたわけです。そういうことで、理学部の希望から経済学の希望に変更するということになって、先ほどの少年時代の経験と浪人時代の経験と、この二つが折り重なって、私が今日まで農業経済学を選ぶということになったように思っているわけです。

## 資本と小農の関係

経済学部に入りましてからはいろいろ大先生方がたくさんいらっしゃったのですが、当時の農業経済学を担当していらっしゃった木戸彰先生という大先生がいらっしゃいました。それから日本経済論を担当なさっておられた斎藤晴造先生がいらしゃいました。私はどちらのゼミを選ぼうか迷ったのですが、後ほど申しあげますが、農業経済学をやるにはどうもそれだけをやるのでは不十分ではないかということで、斉藤晴造先生の日本経済論で、日本経済と農業との関係を考えるゼミナールに参加したほうがためになるかということで、先生のゼミを選んだという経過がございます。

斉藤晴造先生のゼミではどういうことを学んだかということをいちいち申しあげていると時間がございませんが、ゼミナールで特に斉藤先生が重視なさったのは、レーニンが書いたレーニン全集第一巻に収められている「いわゆる市場問題について」とか、レーニン全集第三巻に収められている「ロシアにおける資本主義の発達」という、この二つの文献を斉藤先生が大切に私たちにゼミナールで一緒に読もうということをおっしゃったことが、非常に強く記憶に残っております。レーニンの「いわゆる市場問題について」という論文と「ロシアにおける資本主義の発達」という論文は、当時は率直に言って何が書いてあるかはよくわからなかったのですが、後から考えると、どうもレーニンがその論文でいっているのは、「資本と小農」との関係をきちんと見極めないといけないということを読者に伝えようとしている、そんなふうに私は感じているわけです。その「資本と小農」との関係をじっくり見るということを通じてでないと、農業経済学についての理解を十分深めることができないということをレーニンが私たちに教えてくれているのではないだろうかということで、今でも私はこの二つの文献については大事にしようと思っておりますし、先ほどご紹介がありました農学研究所時代、農学部にきてからもゼミナールで「ロシアにおける資本主義の発達」を院生、学生の諸君と一緒になって勉強するということを続けてきたわけでございます。

私の今までの二五年間の大学生活で考えておりましたいちばんの中心の軸は、「資本と小農」の関係をどのようにつかむかということを多方面から考えたい、あるいは究明したいということをやってきたと自分なりに考えているわけです。

「資本と小農」との関係をどういうふうにみるかということですが、「資本と小農」の関係というのは言葉では簡単ですが、別の言葉で言い直しますと、「資本と小農」との間でどういう矛盾が生じるか、その生じた矛盾をどのように解決するかということで、解決の仕方は二つあると思うのです。資本にとって有利な解決と、小農にとって有利な解決と一つの道があるわけでして、どっちを発見するか、またどれを発見して、どれを生かしていくかということが大事なので、それを究明することが農業経済学の真髄なのではないだろうかということをレーニンの文献等々を通じて、今までずっと私の意識の底に持ち続けていたわけです。

いま申しあげたような理解が、私の農業経済の基礎的な、もっともベーシックな問題意識になっていたと、今から振り返ると考えております。日本農業経済学会という学会がございまして、さきほどもご紹介がございましたように、私も一時そこの役員をやっていたことがあるのですが、今から考えると一九七〇年代の初期ぐらいまでは「資本と小農」という関係について、学会全体で考えるという空気がかなり強かったと私は記憶しております。残念なことに七〇年代の半ば以降になるとそういう空気はだんだん薄れてくるという傾向がみられました。今日の学会では、そういうことがほとんど問題意識にのぼってこないで、「資本と小農」との関係ということを問題提起すると少数派になってしまうのです。そういう状況が、どうも今の学会の中の一般的な空気になっているように思われて、私は大変残念に思っているわけです。もう一度学会が農業経済学の真髄に立ち向かっていくものになっていってほしいなというのが、私の強い希望でもございます。

## 農業の生産力

さきほどから申しあげている「資本と小農」の関係を見る場合に、いろいろな見方があるわけですが、どのように考えていったらいいのかという一つの切り口について、今まで考えてきたことを一つの例で申しあげておきたいと思います。「資本と小農」との関係といっても、今申しあげたようにいろいろな見方があるわけでございます。一つの切り口といいますと、いま私は弘前大学のある先生とこの数年間、共同研究を進めていることがございます。それはさきほどのご紹介にもありましたように、「農民の貧困化」についての研究でございます。なかなか進まなくて完成までいっておりませんが、農民の貧困化ということについての、「資本と小農」との関係の一つの切り口というようにご理解いただきたいのです。

それは農業の生産力の問題です。これは経済学のイロハなのですが、生産力というのは、それを構成する要素は、労働力、労働対象、労働手段の三つであり、労働対象と労働手段を総称して生産手段という。これは経済学の常識です。農業生産力の場合も同様でして、この三要素が農業の生産力を構成するということになるわけですが、問題は農業生産力が発揮された場合に、発揮する内容をどういう物差しでどういう評価をするかということが、じつは残念ながらまだ学界の中でいろいろな議論がございますが、十分に、確定した見解が定まっていない状態ではないかと思っているわけです。

どういうことかといいますと、労働力と生産手段が、どういう関係で結びついているかという、この結びつき方の究明をやっていきませんと、農業生産力が発展したとか発展しないとか、あるいは停滞したとか後退したということを測る物差しが正確に出てこないのではないかと考えております。

その物差しは何かということです。農業の場合は、農地が主な生産手段ですが、農地の生産性、労働の生産性、そして、一般的には資本・賃労働の場合には資本の生産性といいますが、家族経営の場合は、資本というよりは資金といったほうがいいと思いますので、資金あるいは資本の生産性です。この三つの生産性ということを物差しにして、生産力がどうなったかということを測っていかないといけないのではないかと私は考えているのです。どうも近年、二〇数年、あるいは三〇年近くは、労働の生産性という物差しを中心にして、農業の生産力を測るという傾向がありはしないか。これは実践の場でもそうですし、研究の場でもそうですが、そういう傾向が強すぎるのではないかというのが私がふだんから考えている一つの懸念でございます。

たしかに労働生産性の向上は、人間の社会の発展を測る大きな物差しだということがわかりますから、農業についても、労働の生産性が発展する必要があるということは誇えるわけですが、労働の生産性だけという物差しでよろしいのかどうかということが一つの大きな課題ではないだろうか。

農地の生産性も農業生産ですから、これを別の言い方をすると単収、あるいはL地の利用率といってもよろしいと思いますが、こういう要素をどう加味して土地の生産性がどうか、ということを測っていくのが必要だと思うのです。しかし、最近はL地の生産性というものがだんだん評価が薄れて位置が後退してきて、端的な例で言いますと、米なら米の生産性で増収品種が最近は非常に軽視されてきているという傾向があります。

これは米だけではなくて他のものでもだいたい共通した状況があるわけですが、そういうことでは農業の生産力全体を総合的に発展させることにはなりきれないのではないかと考えているわけです。

農地の生産性、労働の生産性、資本、あるいは資金の生産性。労働の生産性というのは機械を入れて時間当たりの収量が増えるということで非常に重視されてくるわけです。ところが農地の生産性は、先ほど申しあげたように軽視されている。

資本、あるいは資金の生産性については、例えば最近問題になっているもっとも典型的なことは、機械の過剰投資です。資本、あるいは資金の生産性ということを物差しにすれば、機械の過剰投資という状態が、私は起こりえるはずがないと思うのです。しかし、今は農民が現場で困っていることはたくさんあるわけですが、言っていることの一つは、機械の過剰投資という現状があります。ということは、現在の日本の農業生産力全体からみると、土地の生産性と資本、あるいは資金の生産性はどちらかというとないがしろにされていて、労働の生産性だけが優位に立ってきているという、非常にゆがんだかたちで日本の農業の生産力が展開されつつあるのではないか。されつつあるというよりも、この三〇年間、そういう方向で農業の生産力のあり方が作られてきたのではないだろうか。

これはだれが作ってきたかということまで突っ込んだことを申しあげる時間はございませんから、そういう状態があるということをお話をして、ふだん私がそういうことについていろいろ疑問を感じているということにとどめておきたいと思います。

## 農業問題は「農民の貧困化」

　こういう状態になったことと、先ほど申しあげた農業生産力における労働力と労働対象、労働手段の結合の仕方とどういう関連があるのだろうかということです。今申しあげたように、この三つの要素が総合的、併行的に発展することがもっとも望ましいと私は考えているのですが、現状は先ほども申しあげたように労働生産性だけが突出してきたという状態なわけです。なぜそうなったのかということが、この結合の仕方と無関係ではないと私は考えております。それは先ほど申しあげた農民の貧困化ということとの、私なりの仕事、これはまだ完成していないのですが、その仕事に取組もうという私の問題意識の一つのきっかけになったということでもございます。

　それはどういうことかと申しますと、三〇年間の農民の状態を統計分析や実態分析を含めていろいろ考えてみますと、農民の労働からの疎外、生産物からの疎外、生産手段からの疎外という状態が一般化してきているので、これ全体を私は総称して農民の貧困化と呼んでいるわけです。

　農民の貧困化という、言葉の問題なのですが、農民自身の意志で生産手段を使うという関係にあるはずなんですが、逆転してきてしまっているというところに、疎外が発生するということではないだろうかと、私は考えているわけです。

日本の現在の農業生産力の構造の問題を考えるさいに、私が先ほど申しあげたように、労働生産性が高いかどうかという物差しだけではなくて、総合的な見方からそれを見ていかないと間違ってくるのではないか、ということです。何が間違ってくるかというと、今後の日本の農業のあり方、あるいは今後の日本の食糧のあり方ということを判断する物差しが、間違ってくる危険があるのではないだろうか。こういう問題について、そんなふうに私は今まで十分な仕事をやってきたという自信はないのですが、弘前大学の先生と、これからも共同研究を続けていきたいと考えているわけです。

今の問題の、農民の生産手段と農民の労働力では、農民が「主」で生産手段が「従」であるはずのものが逆転してしまって、先ほど申しあげたように、労働力が「従」になり、生産手段が「主」になってしまったという状態は、農業生産力の発展のイニシアティブを、いったいだれが握っているのだろうかということと、じつは密接に関係あるのです。農民から自分を従属的な立場に置いて、生産手段を「主」に迎えるということはありえないことでして、これはやはり世の中全体の経済的な発展、経済的な変化という問題と密接な関係があるから、こういう問題が発生するのだろうと私は考えているわけです。

今の日本の農業生産力についてはいろいろな見方があると思いますが、一言でいうと機械化、化学化、画一化という状態です。そういう状態の中から、先ほども申しあげた、機械の過剰投資という問題も同時に発生するし、あるいは糞尿公害という非常にゆがんだ状況も発生するという状態になっているわけです。そういう状態の中から農民経営の存立基盤そのものが非常に困難になってきているという状態があるわけです。

今申しあげたことは一つの現象なのですが、そういう現象が生まれてくる背景は何だろう。つまり、先ほど申しあげた農業生産力の発展のイニシアティブをだれが握っているのだろう、ということを考えてみることが必要なのではないだろうかということです。

さきほど資本と賃労働の例を出してお話をしたのですが、これは明らかに資本主義経済、資本主義社会のいちばん基礎にある関係です。これは資本家が生産手段を持つことによって、生産手段を持たない賃労働者が自分が持っている労働力を資本に販売することなしには労働者も存在できないし、同時に資本も存在できないという関係で、資本と賃労働の関係が結ばれるわけです。その資本家が生産手段を持っていますから、その生産手段を使って労働者を雇って新しい商品の生産をする、これが資本主義経済の鉄則になっているわけです。

農業の場合はどうだろうか、イニシアティブの問題ですが、農民が「従」になって、生産手段が「主」になるという逆転した関係を作りだすような現在の農業生産の構造というものが、どういうイニシアティブの下で作り出されたのかということを見極めませんと、これからの日本の農業なり、日本の食糧のあり方なりというものの道筋、将来を発見することは難しくなってくるというように考えているわけです。

これも先ほどと同じように「貧困化」という言葉を使うということとやや似たりよったりな批判を受けているのですが、本来農民が「主」で生産手段が「従」であるべきところ、農民が「従」で生産性手段が「主」になったという逆転というところで、この構造を生みだしたのは、今までの農業政策とか、現場の調査とかでいろいろ見てきて、私なりの現在までの一つの結論は、国家の政策、あるいは機械メーカーとか農薬メーカーという資本が、この逆転現象を起こしたのではないか、農民自身の内発的な展開からそういう状況を起こしたのではないかということを感じているわけです。その結果、さっきの逆転現象を生みだしますし、貧困化という――三つの疎外という状態が生まれてくるわけです。

このイニシアティブを、もし私の判断と私の言い方が正しくて、国家なり資本が逆転現象を起こしたとすると、これはもう一回逆転して、再逆転させていかなければならない。農民が「主」になって生産手段を「従」にするという関係で、生産力の構造を再構築していかないと、日本の農業や食糧のあり方のこれからの道筋が見えてこないのではないかというふうに私は考えてきたわけです。

最初の逆転、すなわちイニシアティブが国家なり資本なりが取っているという状況の中から、現在生まれている農村の状態は、私が申しあげるまでもありませんが、例えば機械の過剰投資とか、地力再生産が低下するとか、高齢化とか、耕作放棄が増えてくるとかのいろいろな問題をはらんでいるのです。そういう状態を引き起こしたのが、じつは生産力発展のイニシァティブを農民がしっかりと握れなくなった結果であって、現在の日本の農業経営なり、あるいは日本の農業生産なり、さらにいえば日本の食糧自給率の低下なりといった問題を引き起こす、農業内部の要因、農業生産力的な要因というふうに申しあげてもよろしいのではないかということです。

ですから農業生産力の構造が逆転するということが、日本の農業生産力の現在の悲劇、あるいは食糧自給率が低下するという悲劇を、農業生産力構造の側面から存在していると考えざるをえないわけです。そういう意味で、私は一回逆転させられた構造を再逆転することが必要だろうと考えておりますし、そのことを別の言葉で言い直しますと、一言でいうと「農法の変革」を果たしていかないと農民のイニシアティブで今後の日本の農業生産力が発展する、食糧自給率を向上させる、という道筋が見えてこないのではないだろうと思うわけです。

今まで申しあげたことは、ある意味では農業の内部の問題です。次にもう一つ申しあげておきたいことがあります。今まで申しあげた農業の生産力の構造の変化、そこから起きるようなゆがんだ状態、そのほか先ほどちょっと申しあげたように、日本の食糧自給率を著しく後退させる一つの原因になっているということですが、日本の食糧自給率が低下してくるということについて、じつは私の恩師で、学生諸君はたぶんご存じないと思いますが、私が農学研究所の時代に大変お世話になった吉田寛一先生が（今もご健在ですが）、農研時代によくおっしゃっていたことが、農業経済とか、食糧問題とか、農業問題とかは農民問題ではなくて、労働者、国民の問題だということをさかんにおっしゃっていました。

私も感覚的には吉田先生がおっしゃることに共感していたのですが、それをロジカルにどのように組み立てるべきかということに私は悩んできたのです。

たぶん私が農学部に移ってからだと思うのですが、食糧問題とか、農業問題とか、農村問題とかということは、私が先ほどもご紹介いただいたように、ドクター論文を農学部に提出したときに、最終審査の報告の際に貧困化という言葉を使いましたら、今は停年になっていらっしゃらないある審査員の先生が、河相さんは貧困化という言葉をお使いになったけど、いま農民は家も車もあって豊かになっているので、貧困化というのはおかしいじゃないかというご質問をされました。私ども経済学で貧困化というのは、貧乏か豊かということではなくて、例えば労働からの疎外ということは、労働が農民の意志で行えないということで、農民自身の労働ではないという意味なのです。それから農民の生産物からの疎外というのは、農民が生産した生産物を農民自身のものにすることはできないという状態のことを指すわけです。生産手段からの疎外というのは、農民が生産手段を失っていくということを指しているわけでして、それら全体のことを農民の貧困化と呼ぶことができると、そんなふうに私どもは考えているわけです。

ところがそういう考え方ではなくて、貧困化という言葉は、誤解を招きやすいから、先ほど私が申しあげた「資本と小農」との関係という言葉に置き換えてもいいのではないかというふうにサジェスチョンしてくれた先生もいらっしゃるわけです。私はサジェスチョンしてくださった先生のおっしゃった意味はよくわかるのですが、やはり私は厳密に「農民の貧困化」と言ったほうがロジカルに物事を展開できるのではないかと考えているわけです。

## 河上肇の生き様との出会い

この点については、また後ほど触れたいと思います。そういうことで、労働からの疎外、生産物からの疎外については最後に申しあげますが、私が今まで申しあげたような少数意見というままで生きてきたということに自信を持たせてくれるものが、じつはあるわけです。というのは、別に私の意見に固執して自分の意見だけが正しいということを申しあげるつもりはないんですが、私の先人の先人、日本のマルクス経済学の元祖といってもよろしいでしょうが、河上肇先生という方がいらっしゃったのです。たぶん皆さんはご参加の皆さんで河上肇というお名前を知っている方はごくごくわずかしかいらっしゃらないと思います。

じつはこの河上肇という方は、山口県で生まれた方で、お父さんが子爵です。子爵というと明治維新前後くらいの方です。河上肇自身は、明治十二年ですから一八七九年に生まれて、山口高校を出て東京帝国大学の法学部に入られました。この方は当初はいわゆる近代経済学から入った方です。近代経済学を極めながら、仏教の一つの宗派の無我園というグループがあったらしいのですが、そこに入信して「無我の愛」ということを一生懸命追求しようということをやってこられた方です。「無我の愛」を追求する中で、この宗派をリードしていた方の考え方がどうもおかしいということに気がついて、無我園をやめるという経過をたどっていかれました。無我園から出られてからだと思うのですが、その過程で近代経済学では社会の問題は解決しないということに気がつかれて、マルクス経済学に立ち向かっていくといういきさつがございます。

じつは今日ここに持ってきましたのは、河上肇先生が京都帝国大学の経済学部で経済学の講義を担当なさった時の講義録です。一九一四年、一九一五年に京都帝国大学の教授になられた時のことです。その時の、講義録をまとめたものが『経済学大綱』です。今日は上巻だけを持ってきたのですが、上中下とございます。これは『資本論』の第一巻の第一部で、マルクスは資本の生産過程というのを書いているのですが、河上さんは「資本家的社会の解剖」というタイトルで、マルクスが書いたような資本の生産過程についての分析から、講義録をまとめていらっしゃいます。

河上さんが『経済学大綱』の序文で書いていらっしゃるのですが、「この本は資本論の解説のごときものだが、真理には二つはないのだから、マルクスが築いた上に研究を進めるのは当然だ」というふうに非常に自信を持って言い切っているわけです。

河上さんが近代経済学、あるいは無我園という仏教の宗派などいろいろな道をたどりながら、悩み続けたあげくにたどり着いたのがマルクス経済学なのです。真理は二つはないのだから、マルクスが築いた上に研究を進めるのは当然だと、非常に自信を持って講義録をお作りなっているということに、私は非常に刺激を受けました。河上さんの生きざまというものについて、私は非常に感激し続けているわけです。

河上さんの一生というのは、ある意味では不遇の一生です。京都帝国大学の教授を一九二八年、昭和三年に追放になります。追放になった原因というのは、当時の労農党の代議士で衆議院に立候補した大山郁夫の選挙の応援演説に行ったということでして、京大の経済学部の教授会で、京都帝国大学の教授としてけしからん行為であるということで追放されたという経過をたどりました。これが河上さんの『自叙伝』ですが、そのときの状況も非常に詳しく書いていらっしゃいます。その後、一九三二年、昭和七年に共産党に入党しますが、「三二年テーゼ」という当時のコミンテルンの日本の革命についてのテーゼが出るのですが、その翻訳をやるということも河上さんはやっておられます。一九三三年に逮捕されまして、今後はマルクス経済学とかマルクス主義などについては一切近寄らないという約束をして、その獄中で転向するわけです。一九三七年、昭和十二年に釈放になって、世の中に出てきます。そういう、ある意味では非常に波瀾万丈な人生を送られた方が河上さんです。

その波瀾万丈な河上さんの一生が『自叙伝』に書かれていまして、これはじつは五冊あるのですが、今日は二冊しか持ってきませんでした。これは非常に古めかしい本なのですが、私が手に入れたのが一九四九年、昭和二十四年に世界評論社から発行されたもので、こんなにぼろぼろになった本です。この『自叙伝』を私は何回も読みました。いま申しあげた河上さんの波瀾万丈の人生の中から、私は河上さんの生きざまというものを感じさせられたわけです。この『自叙伝』の中で、このようにおっしゃっています。

「学者は常識によって裁判されるべきものではない。もしその常識が真理であれば科学の必要はない」とおっしゃっています。ですから、先ほど私が申しあげたように、「農民の貧困化」という言葉を使ったり、あるいは逆転、あるいは再逆転ということを申し上げたり、農業の生産力のイニシアティブを国家や資本がつかんでいるということを私が申しあげたわけですが、そういうことは常識ではちょっとおかしいのではないかという話がよく出てきます。ただ、常識を物差しにして学問を判断するのだったら、河上肇さんがおっしゃったとおり、科学というものが必要なくて常識に任せればいいわけですから、そういう意味で、私は少数意見を大事にしていきたいと考えているわけです。

また河上さんはこういうこともおっしゃっています。全部を読んでいると時間がございませんので、『自叙伝』の中の一部をちょっと紹介させていただきます。

「たとえ一人の道連れもなく、いかに孤独に感ぜられようとも、私はあえて左の道を進む」。左というのはマルクス経済学のことをいっています。

「私はあえて左の道を進む。他人が何といおうが、途中でどんな目に遭おうが、ただ一途に新たな道を進む。私のマルクス経済学の研究はかくしてはじめられたのである」

このように『自叙伝』に書いているわけです。周りが何と言おうと、自分がこれが正しいと信念をもったら、その信念に照らして研究活動をやっていくと、あるいは教育活動をやっていくという、非常に確固たる信念を河上さんは持ち続けていたわけです。

それで先ほど申しあげたように、獄中で転向してしまうということで私は非常に残念だと思っているのですが、転向するまでは、信念を貫き通そうとした生きざまというものについて私は非常に感激させられたわけです。私は河上さんの『自叙伝』は大学の二年のときに手に入れたのですが、それからずっと私の手元に残してあります。失った本はたくさんございますが、河上さんのこの本だけは私は死ぬまで自分の傍に置いておきたいと思っています。

今まで私が東北大学在籍二五年間という非常に短い期間で、わずかな研究成果しかあげることができませんでしたが、これから退官してからも、河上さんの生きざまというものを引き継いで、私の生き方として学んでいきたいと思っています。

最後に、特に学生諸君に申しあげておきたいことがあります。一つは、多数意見とか世の中の常識とかいうものに引きずられないで、自分の意見を正しくもって、たとえ少数派であってもそれが正しいと思えば、それを持ち続けていってほしい。

言い換えると、新しい真実というものは少数意見の中から生まれるということに確信を持ち続けて、学生諸君はこれからも生き続けてほしいということです。

もう一つは、自分が一生大事にできるような本を一冊だけでよろしいですから発見して、その本の中に描かれている著者の生きざまというものを、自分の人生に引き写しながら生き続けていってほしいということです。

これを最後に申しあげて、私の最終講義を終わらせていただきます。どうもご清聴ありがとうございました（本稿は、テープの記録に、若干の訂正、加筆をしたものである）。

# おわりに

本書の第一章の「自作農創設維持政策」は、一九二六年（大正十五年）に施行された。それ以前に「小作法」「小作調停法」等が施行されている。それらが、「寄生地主制」に打撃を与えるものではなかった。

農地改革は、寄生地主制を完全に掃滅させた。

農地改革は山林原野の解放はおこわれなかった。すでに複数の外資が山林を購入している。北海道や宮城県の西部にある陸軍の駐屯地に米軍が拳銃やブルドーザーで住民を脅かし、それに対し、開拓民の青年たちが闘争し、開拓地の一部で開拓を続けていた。この青年たちを励ますために、東北大学の学生八人が米軍の監視から隠れるように、夜は青年たちと「学習」をし、昼間は農作業を手伝ったりしていた。これら青年たちの闘争を描いた紙芝居が作成された。紙芝居は現在東北大学の資料館に保存されている。

日本の敗戦は、戦後民主主義の画期になった。

ポツダム宣言、農民解放指令、農地改革、それを原点とする「農地法」が一九五二年に施行され、その後、数回の改正を行った。

朝鮮戦争を契機に日本は、ＧＨＱの指令によって「警察予備隊」を組織した。これを契機に、日本の政権は右派の政策になった。

安倍政権が戦後の政治構造を様々に右に変革した。経済分野では「成長戦略」の数回の農地法改正は財界のためである

北朝鮮とアメリカとの歴史的対話が世界の注目を集めた。トランプ氏の本音はどこにあるのか不明だが、日本政府は「圧力」をかけるだけで世界から孤立している。北朝鮮とアメリカが平和協定を宣言すれば、アジアの平和安定が実現するだろう。

## ■参考文献■


1　農地改革顛末概要＝農地改革記録委員会編・一九四六年
2　戦後占領下法令集＝現代法制資料編纂会編・一九八一年
3　日本外交主要文書下巻＝外務省編・一九六七年
4　土地立法の史的考察＝小倉武一・農林省総合研究所・一九七五年
5　農地を守るとは、どういうことか・胡桃沢能生・農文協
6　日本農業の再生と家族経営・農地制度・石井啓雄著・二〇一三年・新日本出版社（編集・加藤光一・河相一成・来間泰男）。

**河相一成**（かわい　かずしげ）

1932年　神奈川県生まれ
1957年　東北大学経済学部卒業
1960年～1970年　全国農業会議所
1970年～1996年　東北大学農学研究所・同農学部（助手～教授）
1996年　東北大学定年退職
現在　農学博士・農業食糧政策論
東北大学名誉教授
みやぎ憲法九条の会共同代表
「水産特区」を考える市民の会・呼びかけ人

主な著書『危機における日本農政の展開』　大月書店
『食卓から見た日本の食糧』　新日本出版社
『食糧政策と食管制度』　農山漁村文化協会
『日本の米』　新日本出版社
『食管制度と経済民主主義』　新日本出版社
『ＷＴＯ体制下のコメと食糧』（食糧政策研究会編）日本経済評論社
『食糧政策と食管制度』　農山漁業文化協会
『市民の市民による市民のための日本国憲法論』光陽出版社
『憲法九条と靖国神社』　光陽出版社
『現代日本の食糧経済』　新日本出版社
『海が壊れる―「水産特区」』　光陽出版社

**農地法制の変遷**―近代から現代まで

2019年４月20日

著　者　河　相　一　成
発行者　明　石　康　徳
発行所　光　陽　出　版　社
〒162-0818　東京都新宿区築地町８番地
電話　03-3268-7899/Fax 03-3235-0710
印刷所　株式会社光陽メディア


ISBN 978-4-87662-619-9 C0061